Leitfäden und Monographien der Informatik

Brauer: **Automatentheorie**
493 Seiten. Geb. DM 58,–

Dal Cin: **Grundlagen der systemnahen Programmierung**
221 Seiten. Kart. DM 34,–

Engeler/Läuchli: **Berechnungstheorie für Informatiker**
120 Seiten. Kart. DM 24,–

Loeckx/Mehlhorn/Wilhelm: **Grundlagen der Programmiersprachen**
448 Seiten. Kart. DM 44,–

Mehlhorn: **Datenstrukturen und effiziente Algorithmen**
Band 1: Sortieren und Suchen
2. Aufl. 317 Seiten. Geb. DM 48,–

Messerschmidt: **Linguistische Datenverarbeitung mit Comskee**
207 Seiten. Kart. DM 36,–

Niemann/Bunke: **Künstliche Intelligenz in Bild- und Sprachanalyse**
256 Seiten. Kart. DM 38,–

Pflug: **Stochastische Modelle in der Informatik**
272 Seiten. Kart. DM 38,–

Richter: **Betriebssysteme**
2. Aufl. 303 Seiten. Kart. DM 38,–

Wirth: **Algorithmen und Datenstrukturen**
Pascal-Version
3. Aufl. 320 Seiten. Kart. DM 39,–

Wirth: **Algorithmen und Datenstrukturen mit Modula - 2**
4. Aufl. 299 Seiten. Kart. DM 39,–

Wojtkowiak: **Test und Testbarkeit digitaler Schaltungen**
226 Seiten. Kart. DM 36,–

Preisänderungen vorbehalten

 B. G. Teubner Stuttgart

Leitfäden und Monographien der Informatik

H. Wojtkowiak
Test und Testbarkeit digitaler Schaltungen

Leitfäden und Monographien der Informatik

Die Leitfäden und Monographien behandeln Themen aus der Theoretischen, Praktischen und Technischen Informatik entsprechend dem aktuellen Stand der Wissenschaft. Besonderer Wert wird auf eine systematische und fundierte Darstellung des jeweiligen Gebietes gelegt. Die Bücher dieser Reihe sind einerseits als Grundlage und Ergänzung zu Vorlesungen der Informatik und andererseits als Standardwerke für die selbständige Einarbeitung in umfassende Themenbereiche der Informatik konzipiert. Sie sprechen vorwiegend Studierende und Lehrende in Informatik-Studiengängen an Hochschulen an, dienen aber auch in Wirtschaft, Industrie und Verwaltung tätigen Informatikern zur Fortbildung im Zuge der fortschreitenden Wissenschaft.

Test und Testbarkeit digitaler Schaltungen

Von Prof. Dr.-Ing. habil. Hans Wojtkowiak
Universität Gesamthochschule Siegen

Mit 115 Bildern, 43 Tabellen und
18 Aufgaben mit Lösungen

B. G. Teubner Stuttgart 1988

Prof. Dr.-Ing. habil. Hans Wojtkowiak

Geboren 1944 in Slawkow (Oberschlesien). Von 1964 bis 1970 Studium der Nachrichtentechnik an der Technischen Universität Berlin, von 1970 bis 1978 Mitarbeiter der Fakultät für Informatik an der Universität Karlsruhe, 1973 Promotion und 1978 Habilitation für das Lehrgebiet Informatik. Forschungsaufenthalt bei IBM in Yorktown Heights, USA (1979 bis 1980). Industrietätigkeit bei Siemens in Erlangen (1981). Seit Ende 1981 Lehrstuhlinhaber für Technische Informatik an der Universität Siegen.

CIP-Titelaufnahme der Deutschen Bibliothek

Wojtkowiak, Hans:
Test und Testbarkeit digitaler Schaltungen / von Hans Wojtkowiak. -
Stuttgart : Teubner, 1988
(Leitfäden und Monographien der Informatik)
ISBN 978-3-519-02263-3 ISBN 978-3-322-96665-0 (eBook)
DOI 10.1007/978-3-322-96665-0

Gesamtherstellung: Zechnersche Buchdruckerei GmbH, Speyer
Umschlaggestaltung: M. Koch, Reutlingen

Vorwort

Der Test stellt einen wichtigen Schritt im Entwurfs- und Herstellungsablauf digitaler Schaltungen dar, indem er unter Anwendung bestimmter Eingangssignale die Funktion einer entworfenen Schaltung an einem hergestellten Exemplar zu verifizieren erlaubt. Diese Aufgabenstellung gilt gleichermaßen für diskret aufgebaute Logik wie für integrierte Schaltungen. Doch kommt wegen der begrenzten Zahl der externen Anschlüsse bei größeren integrierten Schaltungen fast zwangsläufig die Aufgabe hinzu, Testbarkeitsaspekte beim Entwurf zu berücksichtigen, da andernfalls ein hinreichender Test häufig nicht oder nur mit größeren Schwierigkeiten durchzuführen ist. Das liegt an der "Zugänglichkeit" integrierter Schaltungen, die durch die Anzahl externer Anschlüsse beschränkt ist. Aus diesen und anderen Gründen ist der Test digitaler Schaltungen sinnvollerweise zusammen mit Überlegungen zur Testbarkeit einer Schaltung zu sehen.

Traditionell ist der Test digitaler Schaltungen um die logische Entwurfsebene herum angeordnet, d.h. daß die logische Ebene den Ausgangspunkt für die Testvorbereitung und die Testdurchführung darstellt. Es gibt darüber hinaus heute auch Ansätze, die von hierarchisch höheren Ebenen ausgehen, doch hat sich bisher in diesem Bereich keine allgemein anerkannte Methodik etabliert, wie das für die logische Ebene der Fall ist. Es ist jedoch auch für den Testbereich wichtig, der wachsenden Komplexität der Schaltungen dadurch Rechnung zu tragen, daß man hierarchische Methoden für deren Prüfung einsetzt.

Die Notwendigkeit, eine Schaltung zu prüfen, ergibt sich im Rahmen ihrer Entstehung mehrfach, wenn auch mit unterschiedlicher Zielsetzung.

Beim Entwurf einer Schaltung wird die Umsetzung der Schaltungsbeschreibung in eine Realisierung mit Gattern am Modell überprüft. Man bezeichnet diesen Vorgang als *Entwurfsverifikation* und den zugehörigen Entwurfsschritt als logische Simulation. Dabei kann entweder nur die logische Funktion mit idealisierten Gattern geprüft werden oder es können Laufzeiten aus dem vorgesehenen Herstellungsprozeß mit einbezogen werden, um dadurch bedingte Fehler mit zu erfassen.

Die Herstellung einer Schaltung liefert, wenn diese Schaltung in größeren Stückzahlen gefertigt werden soll, zunächst Prototypen. Diese werden normalerweise ausführlichen Tests unterzogen. Dabei wird zunächst die korrekte Funktion überprüft, doch ist oft zusätzlich von Interesse, unter welchen elektrischen und sonstigen Randbedingungen diese Funktion gewährleistet ist. Dieser *Prototypentest* ist in erster Linie ein Entwurfstest, insofern ist auch bei fehlerhaftem Verhalten von Interesse, genaue Fehlerursachen anzugeben und den Fehlerort zu bestimmen. Da dieser Test normalerweise nur an einer begrenzten Zahl von Schaltungen durchgeführt wird, sind die Testzeiten von untergeordneter Bedeutung.

Nach der Herstellung ist durch eine Qualitätskontrolle die Funktionsfähigkeit einer Schaltung nachzuprüfen. Bei diesen *Herstellungstests* ist insbesondere eine kurze Testzeit von Interesse. Fragen nach Fehlerursachen oder die Lokalisierung von Fehlern sind in diesem Kontext von geringer Relevanz. Demgegenüber sind statistische Aussagen über die Ausbeute und Angaben, die Rückschlüsse auf den Herstellungsprozeß erlauben, sehr wichtig.

Bei der Überprüfung von Systemen im Rahmen von Wartungsarbeiten müssen vor Ort Schaltungen getestet werden. Diese *Wartungstests* können sowohl im Rahmen einer vorbeugenden Wartung durchgeführt werden, um vorhandene jedoch noch nicht auffällige Fehler festzustellen, oder es sind bei Störungen des Systems fehlerhafte Elemente herauszusuchen. In beiden Fällen ist eine einfache und schnelle Aussage über die Funktionsfähigkeit erwünscht.

Ein zentrales Thema im Rahmen aller genannten Bereiche stellt die Erzeugung der Testmuster dar, deren Verwendung nicht ausschließlich auf die Testdurchführung beschränkt ist, sondern die auch im Rahmen der Entwurfsverifikation durch logische Simulation zum Einsatz kommen. Denn bei komplexeren Schaltungen führt auch dort eine Erstellung der Testmuster ad–hoc häufig nicht zu den gewünschten Ergebnissen.

Am Beispiel der Testmuster wird eine Abhängigkeit zwischen Entwurf und Test deutlich, die in Zukunft eine zunehmende Rolle spielen wird. Denn Maßnahmen zum Entwurf "prüffreundlicher" Schaltungen setzen üblicherweise auf der logischen Ebene auf und eine wichtige Methode, die Testdurchführung zu vereinfachen, besteht darin, Information aus dem Entwurfsprozeß hinzuzuziehen.

Der Bedeutung dieser beiden Themen entsprechend besitzt das vorliegende Buch einen Schwerpunkt im Bereich der Bestimmung von Testmustern und einen weiteren Schwerpunkt bei der Behandlung testbarkeitserhöhender Maßnahmen. Die Ausführungen zur Testmusterberechnung werden durch ein Kapitel über Fehlerursachen, Fehlermodellierung und Teststrategien ergänzt. Für die testbarkeitserhöhenden Maßnahmen wird eine

Einführung in den Testbarkeitsbegriff über Signalwahrscheinlichkeiten und Testbarkeitsmaße gewählt. Die Grundlagen des logischen Entwurfs und Ausführungen über den praktischen Schaltungstest stellen die begrifflichen Verbindungen zur Entwurfsebene und zur Testdurchführung her.

Das vorliegende Buch entstand unter Mitarbeit von Dr. Ulrich Frank, Dipl.-Ing. Peter Spanier und Dr. Michael Wahl. Frau Christiane Hamel erstellte das Manuskript und Herr Dipl.-Ing. Friedhelm Meiß die Zeichnungen. Es wurde das Satzsystem TEX und der Dokumenten-Grafik-Editor DGE für die Zeichnungen eingesetzt. Ich möchte an dieser Stelle allen Beteiligten für ihren Einsatz danken. Außerdem gilt mein Dank Dr. Johannes Brauer und Herrn Dipl.-Ing. Michael Schulz für die Durchsicht des Manuskripts.

Siegen, im August 1988 Hans Wojtkowiak

Inhaltsverzeichnis

1 Einleitung

Die Zuverlässigkeit technischer Systeme ist allgemein von großem wirtschaftlichen Interesse und teilweise auch unabdingbar bzw. lebenswichtig. Die einwandfreie Funktion dieser Systeme hängt zu einem wesentlichen Teil von informationsverarbeitenden Komponenten ab, die meist als digitale elektronische Schaltungen aufgebaut sind. Um die korrekte Funktion der eingesetzten Schaltungen sicherzustellen, muß man in der Lage sein, festzustellen, ob das System einwandfrei arbeitet und unter Umständen Aussagen über die Lage fehlerhafter Elemente machen. Dazu wird eine betrachtete Schaltung überprüft, indem ihr Verhalten bei bestimmten Eingaben ausgewertet wird. Man bezeichnet diesen Vorgang als *Test*. Die dabei verwendeten Eingaben sind die *Testmuster*, an welche die Forderung zu stellen ist, daß sie beim Vorhandensein von *Fehlern*, diese mit großer Wahrscheinlichkeit zu entdecken erlauben.

Nachdem die eingesetzten logischen Schaltungen durch Transistoren realisiert werden, tritt das nicht erwünschte logische Verhalten durch Herstellungsfehler in diesen Elementen oder durch nicht korrekte Verbindungen auf. Die Fehlerursachen sind dabei recht vielfältig und meist technologiespezifisch und haben im allgemeinen Auswirkungen, die gemeinsame Merkmale aufweisen. So ist häufig der logische Wert auf einer Leitung nicht änderbar. Man bezeichnet ein derartiges Verhalten als *Haftfehler*. Dieses kann z.B. durch offene Verbindungen oder Kurzschlüsse an Transistoren auftreten.

Ein anderes Fehlverhalten stellt der Kurzschluß zwischen zwei Leitungen dar. Seine Auswirkungen hängen von der jeweiligen Technologie ab und führen oft zu zusätzlichen logischen Verknüpfungen. Es gibt weitere fehlerhafte Verhaltensweisen von Schaltungen, die nicht durch Haftfehler oder Kurzschlüsse nachgebildet werden können, doch hat sich für den praktischen Einsatz eine Beschränkung auf diese Fehlerarten durchgesetzt. Im Einzelfall ist auf der Grundlage der eingesetzten Technologie jedoch zu prüfen, ob die damit verbundenen Beschränkungen toleriert werden können. Neben der Festlegung einer begrenzten Anzahl von Fehlertypen wird aus Aufwandsgründen meist von der Annahme ausgegangen, daß nur ein Fehler in einer Schaltung vorhanden ist (*Einfachfehlerannahme*), denn bei Mehrfachfehlern würde die Anzahl möglicher Fehlerzustände extrem anwachsen.

Für die Testdurchführung ist eine Reihe von Schritten zu durchlaufen, die mit einer Aufstellung möglicher Fehlerursachen beginnt und mit der Auswertung der Testergebnisse endet. Die Nachbildung aller möglichen Fehler liefert eine *Fehlermodellierung*, die gleichbedeutend mit einem *Fehlerverzeichnis* der Schaltung ist. Durch *Fehlerreduktion* kann über Klassenbildung und Wahl jeweils eines Vertreters einer Klasse die Anzahl der Fehler verringert werden. Aus diesem Schritt ergibt sich eine Liste unterscheidbarer Fehler. Diese dient als Grundlage für die Erstellung der Testmuster. Die Güte der gewählten Testmuster hängt davon ab, welcher Teil der möglichen Fehler dadurch geprüft werden kann. Man bezeichnet dieses Verhältnis als *Fehlerüberdeckung*. Diese läßt sich berechnen, indem man die Schaltung mit den möglichen Fehlern und den gewählten Testmustern simuliert und die Ergebnisse mit der Simulation der fehlerfreien Schaltung vergleicht. Der eigentliche Test und die Auswertung der Ergebnisse schließen die Testdurchführung ab.

Die bisherigen Ausführungen gehen davon aus, daß eine vorhandene Schaltung geprüft werden soll. Es ist eine Frage der *Testbarkeit* dieser Schaltung, mit welchem Aufwand die Prüfung verbunden ist. Dabei ist Testbarkeit ganz allgemein zu verstehen; sie kann z.B. die Anzahl der Schritte kennzeichnen, die zur Berechnung der Testmuster erforderlich ist oder sie kann auch die Zeit zur Durchführung eines Tests charakterisieren. In jedem Fall hat Testbarkeit etwas mit dem Aufwand zu tun, der bei einzelnen Schritten des Testens notwendig ist, um diese erfolgreich abzuschließen. Dieser Aufwand wird zwar von der eingesetzten Methodik, z.B. dem Algorithmus zur Testmusterberechnung abhängen, doch in viel größerem Maße wird er von dem Aufbau einer zu prüfenden Schaltung bestimmt. Das heißt auch, daß Ansätze zur Erhöhung der Testbarkeit den Entwurf einer Schaltung betreffen; denn nur dort ist es möglich, eine Realisierung so zu wählen, daß der Test mit vertretbarem Aufwand erfolgen kann.

Die genannten Tatsachen sind weitgehend bekannt, doch erhalten sie durch die wachsende Größe der zu testenden Schaltungen und durch den Trend zu Realisierungen mit Chips eine erhöhte Bedeutung. Diese ist dadurch bedingt, daß in einem Großteil der eingesetzten Berechnungs- und Prüfverfahren der Aufwand direkt von der Anzahl der Elemente (Transistoren, Verbindungen) abhängt. Maßnahmen zur Abschätzung und Beschränkung des Testaufwandes setzen vor allem beim Entwurf an, so daß Kenntnisse über den Test und die Testbarkeit für jeden Entwerfer heute eine unbedingte Voraussetzung bilden. Dem Ziel, die Grundlagen dafür bereitzustellen, soll das vorgelegte Buch in erster Linie dienen.

2 Grundlagen des logischen Entwurfs

Charakteristisch für *digitale Schaltungen* ist die Verarbeitung diskreter Informationseinheiten, z.B. Buchstaben, Ziffern, elektrische Impulse, Operations- oder Satzzeichen. Diese Informationseinheiten werden zusammengefügt, um komplexere Informationseinheiten zu bilden, zum Beispiel:

- Worte aus Buchstaben
- Zahlen aus Ziffern

Allgemein gesagt wird mit Hilfe dieser Grundeinheiten und Regeln über ihr Aneinanderfügen eine Sprache definiert, die dazu dient, Information darzustellen. (Der Umstand, daß die ersten funktionsfähigen Rechner hauptsächlich für numerische Berechnungen herangezogen wurden, d.h. Ziffern *(engl. digits)* verarbeiteten, führte auf die Bezeichnung Ziffernrechenautomat.) Wenn man bedenkt, daß sich der Anwendungsbereich der Zeichen- bzw. Textverarbeitung immer mehr ausweitet, ist die heute allgemein gebräuchliche Bezeichnung "Digitalrechner" *(engl. digital computer)* etwas irreführend. Genau genommen handelt es sich um ein System zur Verarbeitung diskreter Information.

Die diskreten Informationseinheiten werden durch physikalische Größen, sog. Signale, dargestellt. Am gebräuchlichsten sind elektrische Signale wie Strom oder Spannung, doch werden für Spezialanwendungen auch andere Größen herangezogen, z.B. der Druck einer Flüssigkeit. Die Signale in allen heute verwendeten elektronischen Systemen sind binär, d.h. sie besitzen nur zwei diskrete Werte, die i.a. durch das Vorhandensein bzw. Nicht-Vorhandensein der verwendeten physikalischen Größe gekennzeichnet sind. Die Gründe für diese Einschränkung liegen im Bereich der Zuverlässigkeit, denn die Unterscheidung zweier Werte kann mit erheblich größerer Sicherheit erfolgen (große Toleranzbereiche) als die Unterscheidung einer größeren Anzahl diskreter Werte. Die menschliche Logik ist zudem binär (eine Aussage ist entweder "wahr" oder "falsch") und unterstützt somit die Verwendung binärer Werte.

Gehen wir nun davon aus, daß wir ein diskretes System entwerfen wollen, in dem die verarbeiteten Signale binär sind, so ist die Schnittstelle zur realen Welt durch zwei Umsetzungen gekennzeichnet, nämlich durch eine

- Diskretisierung und eine
- Binärcodierung

Im Rahmen der Diskretisierung wird ein kontinuierliches Signal durch eine Folge von Abtastwerten oder andere bereits diskret vorhandene Größen dargestellt. Für Zahlen existiert zusätzlich die Möglichkeit ihrer Konvertierung in das Dualzahlensystem, in dem dann automatisch eine binäre Darstellung gegeben ist.

Der zweite wichtige Aspekt betrifft die Informationsverarbeitung, d.h. die Art der Operationen bzw. Funktionen, die mit der betreffenden Information ausgeführt werden sollen. Auch hier sind Beschreibungsverfahren erforderlich, um ein Problem zu spezifizieren.

In der weiteren Behandlung des logischen Entwurfs wollen wir uns auf den Entwurf von Systemen konzentrieren, die Binärzeichen verarbeiten. Derartige Systeme sind heute weit verbreitet, z.B. in Form von Rechnern oder speziell entwickelter Hardware.

2.1 Zweiwertige Logik

Die zweiwertige Logik *(engl. binary)* befaßt sich mit Variablen, die zwei diskrete Werte annehmen können, und die durch Operationen verknüpft werden, denen eine logische Bedeutung zukommt. Die Bezeichnung der beiden Variablenwerte hängt vom Einsatzbereich ab. In der Aussagenlogik werden die Werte "wahr" und "falsch" verwendet, beim Entwurf digitaler Systeme sind die Werte "1" und "0" üblich. Die zweiwertige Logik wird zur mathematischen Beschreibung der Verarbeitung zweiwertiger Information verwendet. Sie ist daher besonders für den Entwurf und die Analyse digitaler Systeme geeignet. Die zweiwertige Logik, die im folgenden eingeführt werden wird, entspricht einer Algebra, die man als BOOLEsche Algebra bezeichnet.

Eine zweiwertige Logik besteht aus zweiwertigen Variablen und logischen Operationen. Die Variablen werden mit Buchstaben des Alphabets bezeichnet, z.B. a, b, x, y, und können die beiden definierten Werte 1 und 0 annehmen. Die grundlegenden logischen Operationen sind Konjunktion (UND), Disjunktion (ODER) und Negation (NICHT).

(a) Die Konjunktion wird durch einen Punkt dargestellt, oder der Operator wird weggelassen, $a \cdot b$ oder ab. Die Konjunktion zweier Variablen ist genau dann 1, wenn beide Variablen 1 sind. Sonst ist das Ergebnis 0.

(b) Die Disjunktion wird durch ein Pluszeichen dargestellt, $a + b$. Das Ergebnis der Disjunktion ist genau dann 0, wenn beide Variablen 0 sind. Sonst ist das Ergebnis 1.

(c) Die Negation wird durch einen Strich dargestellt, $\bar{a} = b$ (nicht a gleich b). Ist eine Variable 0, so ist die Negation der Variablen 1 und umgekehrt.

Es soll darauf hingewiesen werden, daß die zweiwertige Logik der zweiwertigen Arithmetik ähnelt, doch sehr unterschiedliche Eigenschaften besitzt. So kann eine arithmetische Variable aus einer 0-1-Folge bestehen, während eine logische Variable grundsätzlich 1 oder 0 ist. (Unterscheide: $1 + 1 = 10$ (*plus*) und $1 + 1 = 1$ (*oder*))

Die Werte der logischen Operationen lassen sich für alle Variablenkombinationen in sog. "Wahrheitstafeln" oder "Logischen Matrizen" darstellen, wie in Tabelle 2.1 beispielhaft angegeben.

UND

$a\ b$	$a \cdot b$
0 0	0
0 1	0
1 0	0
1 1	1

ODER

$a\ b$	$a + b$
0 0	0
0 1	1
1 0	1
1 1	1

NICHT

a	$\bar{a}$
0	1
1	0

Tabelle 2.1: Wahrheitstafeln für die UND-, ODER- und NICHT–Operationen.

2.2 Logische Schaltungen

Digitale elektronische Schaltungen werden als logische Schaltungen bezeichnet, wenn sie bei Verwendung entsprechender Eingangsvariablen das Ergebnis einer logischen Operation am Ausgang liefern. Jeder Schritt bei der Verarbeitung von Information führt so letztlich auf die Manipulation logischer Variablen durch logische Schaltungen, wobei eine Variable einem Informationsbit entspricht.

Im Bild 2.1 sind drei logische Schaltungen in symbolischer Darstellung angegeben.

Lassen wir die Signale a und b alle möglichen Eingangskombinationen durchlaufen, so erhalten wir bei idealen Gattern die in Bild 2.2 dargestellten Impulsdiagramme.

Das mathematische System, das für die Beschreibung der zweiwertigen Logik verwendet wird, ist die BOOLEsche Algebra. Mit ihr kann man die Funktion logischer Schaltungen beschreiben und ihre Eigenschaften für deren Entwurf einsetzen.

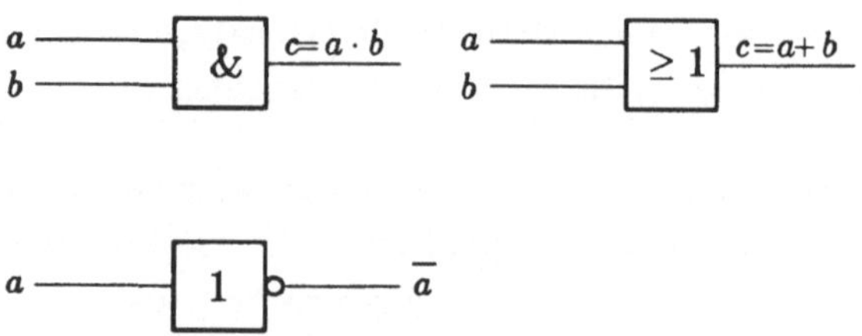

Bild 2.1: Symbole für logische Schaltungen

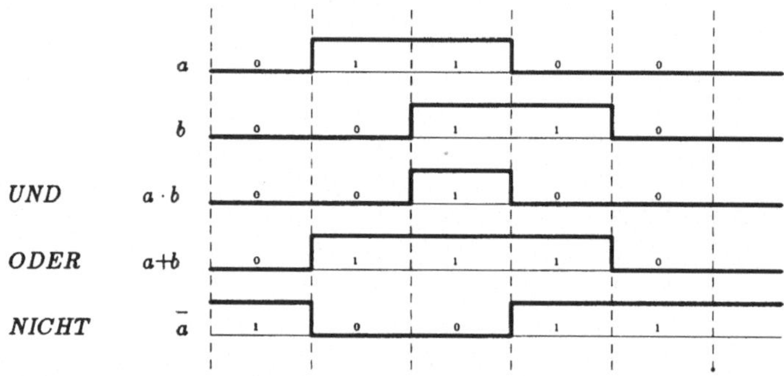

Bild 2.2: Idealisierte Impulsdiagramme

2.3 BOOLEsche Algebra

Wie jedes andere deduktive mathematische System kann eine BOOLEsche Algebra definiert werden durch eine Menge von Elementen, eine Menge von Operationen und eine Anzahl von Axiomen (unbewiesen). Die Axiome eines mathematischen Systems bilden die Grundlage, von der aus Regeln, Theoreme und Eigenschaften dieses Systems abgeleitet werden können. Die für algebraische Strukturen üblichen Axiome sind die folgenden:

1. *Abgeschlossenheit*

   Eine Menge ist abgeschlossen bzgl. einer zweistelligen Operation, wenn die Operation für jedes Elementenpaar aus der Menge eindeutig ein Element aus der Menge spezifiziert. (Die Addition ist abgeschlossen bzgl. der natürlichen Zahlen, die Subtraktion nicht.)

2. *Assoziativgesetz*

Eine zweistellige Operation $\odot$ wird bzgl. der Menge M als assoziativ bezeichnet, wenn gilt:

$$(a \odot b) \odot c = a \odot (b \odot c) \qquad \forall a,b,c \in M \quad \textit{(für alle a, b, c aus M)} \tag{2.1}$$

3. *Kommutativgesetz*

Eine zweistellige Operation $\odot$ wird bzgl. der Menge M als kommutativ bezeichnet, wenn gilt:

$$a \odot b = b \odot a \qquad \forall a,b \in M \tag{2.2}$$

4. *Identitätselement* (ausgezeichnetes Element)

Eine Menge M besitzt eine Identitätselement bzgl. einer zweistelligen Operation $\odot$, wenn es ein Element $e \in M$ gibt mit der Eigenschaft:

$$e \odot a = a \odot e = a \qquad \forall a \in M \tag{2.3}$$

(0 ist das Identitätselement für die Addition bzgl. der Menge ganzer Zahlen, nicht jedoch für die natürlichen Zahlen $\mathcal{N}$, denn $0 \notin \mathcal{N}$)

5. *Inverses Element*

Zu einer Menge M, die bzgl. einer zweistelligen Operation $\odot$ ein Identitätselement e besitzt, gibt es ein inverses Element, wenn für jedes $a \in M$ ein $b \in M$ existiert, so daß gilt:

$$a \odot b = e \tag{2.4}$$

(Für die ganzen Zahlen mit $e = 0$ ist $-a$ das Inverse von a).

6. *Distributivgesetz*

Seien $\odot$ und $\oplus$ zwei zweistellige Operationen auf einer Menge M. Dann wird $\odot$ als distributiv über $\oplus$ bezeichnet, wenn gilt:

$$a \odot (b \oplus c) = (a \odot b) \oplus (a \odot c) \tag{2.5}$$

Ein Beispiel für eine algebraische Struktur dieser Art ist die Menge der reellen Zahlen $\mathcal{R}$ zusammen mit den Operationen $+$ (*plus*) und $\cdot$ (*mal*).

George BOOLE hat 1854 ein algebraisches System (heute als BOOLEsche Algebra bezeichnet) entwickelt, um damit logische Aussagen systematisch behandeln zu können. Claude SHANNON hat daraus 1938 eine zweiwertige BOOLEsche Algebra abgeleitet, die er als Schaltalgebra bezeichnete, und die sich insbesondere zur Behandlung zweiwertiger elektrischer Schaltungen eignet. Eine häufig benutzte formale Definition der BOOLEschen Algebra stellen die HUNTINGTONschen Axiome dar (1904).

Eine *BOOLEsche Algebra* ist eine algebraische Struktur, die wie folgt auf einer Menge von Elementen B zusammen mit den beiden zweistelligen Operationen $+$ und $\cdot$ definiert ist:

1. a) abgeschlossen bzgl. der Operation $+$

   b) abgeschlossen bzgl. der Operation $\cdot$

2. a) Es gibt ein ausgezeichnetes Element bzgl. $+$, als 0 bezeichnet:
   $a + 0 = 0 + a = a$

   b) Es gibt ein ausgezeichnetes Element bzgl. $\cdot$, als 1 bezeichnet:
   $a \cdot 1 = 1 \cdot a = a$

3. a) Kommutativ bzgl. "+": $a + b = b + a$

   b) Kommutativ bzgl. "$\cdot$": $a \cdot b = b \cdot a$

4. a) "$\cdot$" ist distributiv über "+": $a \cdot (b + c) = (a \cdot b) + (a \cdot c)$

   b) "+" ist distributiv über "$\cdot$": $a + (b \cdot c) = (a + b) \cdot (a + c)$

5. Für jedes Element $a \in B$ gibt es ein Element $\bar{a} \in B$ (genannt Komplement), so daß gilt:

   a) $a + \bar{a} = 1$

   b) $a \cdot \bar{a} = 0$

6. Es gibt mindestens zwei Elemente $a, b \in B$ für die $a \neq b$ gilt.

Für die Einführung einer BOOLEschen Algebra sind die Menge B und die beiden Operationen zu definieren. Aus der Menge möglicher BOOLEscher Algebren wird eine zweiwertige ausgewählt. Sie hat Bedeutung für die Mengenlehre und die Aussagenlogik und ist zudem für die Beschreibung und den Entwurf von Schaltkreisen einsetzbar. Im folgenden wird eine zweiwertige BOOLEsche Algebra verwendet, deren Elemente 0 und 1 und deren Operationen UND und ODER sind. Zur Erfüllung des 5. HUNTINGTONschen Axioms kommt die Negation hinzu.

Aus den (unbewiesenen) Axiomen lassen sich eine Reihe von Sätzen ableiten, die im Rahmen der Beschreibung und Darstellung digitaler Systeme Bedeutung besitzen.

Idempotenzgesetze: Für jedes Element a einer BOOLEschen Algebra B gilt:

$$a + a = a \qquad \textit{und} \qquad a \cdot a = a \tag{2.6}$$

Beweis:

$$\begin{aligned} a + a &= (a + a) \cdot 1 && \textit{Axiom 2b} \\ &= (a + a) \cdot (a + \bar{a}) && \textit{Axiom 5a} \\ &= a + a \cdot \bar{a} && \textit{Axiom 4b} \\ &= a + 0 && \textit{Axiom 5b} \\ &= a && \textit{Axiom 2a} \end{aligned}$$

Der Beweis für die Operation $\cdot$ kann völlig analog durchgeführt werden.

Operationen mit den ausgezeichneten Elementen: Für jedes Element a einer BOOLEschen Algebra B gilt:

$$a + 1 = 1 \quad \text{und} \quad a \cdot 0 = 0 \tag{2.7}$$

Beweis:

$$\begin{aligned} a + 1 &= 1 \cdot (a + 1) && \textit{Axiom 2b} \\ &= (a + \bar{a}) \cdot (a + 1) && \textit{Axiom 5a} \\ &= a + \bar{a} \cdot 1 && \textit{Axiom 4a} \\ &= a + \bar{a} && \textit{Axiom 2b} \\ &= 1 && \textit{Axiom 5a} \end{aligned}$$

Absorptionsgesetze: Für je zwei Elemente a und b einer BOOLEschen Algebra B gilt:

$$a + (a \cdot b) = a \quad \text{und} \quad a \cdot (a + b) = a \tag{2.8}$$

Beweis:

$$\begin{aligned} a + (a \cdot b) &= a \cdot 1 + a \cdot b && \textit{Axiom 2b} \\ &= a \cdot (1 + b) && \textit{Axiom 4a} \\ &= a \cdot (b + 1) && \textit{Axiom 3a} \\ &= a \cdot 1 && \textit{Satz 2} \\ &= a \end{aligned}$$

DE MORGANsche Gesetze: Für alle a und b aus B gilt:

$$\overline{a \cdot b} = \bar{a} + \bar{b} \quad \text{und} \quad \overline{a + b} = \bar{a} \cdot \bar{b} \tag{2.9}$$

Assoziativgesetze: Für alle a, b, c, aus B gilt:

$$(a + b) + c = a + (b + c) \quad \text{und} \quad (a \cdot b) \cdot c = a \cdot (b \cdot c) \tag{2.10}$$

Die beiden letzten Gesetze sollen ohne Beweis angegeben werden.

2.4 BOOLEsche Funktionen

Die kurze Einführung in logische Schaltungen in Kap. 2.2 bedarf nach Einführung der BOOLEschen Algebra einer Detaillierung. Diese betrifft die Einteilung logischer Schaltungen in Schaltnetze und Schaltwerke und die Spezifikation logischer Schaltungen als Realisierung BOOLEscher Funktionen. (Schaltnetze werden häufig auch als kombinatorische Schaltungen bezeichnet und Schaltwerke als sequentielle Schaltungen.)

Betrachtet man Zeichenreihen, die aus binären Variablen, logischen Operatoren und Klammern bestehen, so lassen sich diese als *BOOLEsche Ausdrücke* bezeichnen. Einem solchen Ausdruck kann ebenso wie einer logischen Variablen wieder eindeutig ein Wert 0 oder 1 zugeordnet werden, so daß der Wert des Ausdrucks als Funktion der logischen Variablen erscheint. Wir kommen so zu BOOLEschen Funktionen, die dazu geeignet sind, logische Schaltungen formal zu beschreiben.

Auf der Basis der BOOLEschen Algebra ist es damit möglich, die Eigenschaften derselben für den Entwurf logischer Schaltungen einzusetzen. Das betrifft zum Beispiel Optimalitätskriterien, die sich u.a. durch die unterschiedliche Darstellung äquivalenter BOOLEscher Funktionen erfüllen lassen und die Umformung einer bestimmten Funktion für die Realisierung mit vorgegebenen Gattern. Ein anderer Anwendungsfall besteht in der Bildung einer bestimmten BOOLEschen Funktion, der BOOLEschen Differenz, für Testzwecke. - Im folgenden soll auf einige Eigenschaften BOOLEscher Funktionen etwas genauer eingegangen werden.

Für die *Auswertung* BOOLEscher Funktionen ist eine bestimmte Reihenfolge der Operationen festgelegt, sofern nicht eine andere Reihenfolge durch Klammern bestimmt ist. Die Auswertung erfolgt so, daß zuerst die Negationen, dann die Konjunktionen und dann die Disjunktionen ausgeführt werden. Dabei wird der Funktionswert für bestimmte Werte der BOOLEschen Variablen, d.h. eine Wertekombination der Variablen, berechnet.

Stimmen zwei Funktionen für sämtliche Variablenkombinationen überein, so bezeichnet man diese Funktionen als *äquivalent*. Die Äquivalenz kann allgemein durch algebraische Umformung nachgewiesen werden. Für wenige Variablen ist auch das Aufstellen von Funktionstabellen, entsprechend den logischen Matrizen aus Kap. 2.1, geeignet. Beide Vorgehensweisen sollen im folgenden an einem Beispiel gezeigt werden.

Beispiel: Es soll gezeigt werden, daß die beiden folgenden Funktionen f_1 und f_2 äquivalent sind.

$$
\begin{aligned}
f_1 &= \bar{a}\,b + \bar{b}\,c + a\,\bar{c}, \\
f_2 &= \bar{a}\,b\,c + a\,\bar{b}\,\bar{c} + \bar{b}\,c + b\,\bar{c}
\end{aligned}
\qquad (2.11)
$$

Algebraische Umformungen unter Verwendung der Axiome 2b und 5a:

$$
\begin{aligned}
f_1 &= \bar{a}\,b\,(c + \bar{c}) + (a + \bar{a})\,\bar{b}\,c + a\,(b + \bar{b})\,\bar{c} \\
&= \bar{a}\,b\,c + \bar{a}\,b\,\bar{c} + a\,\bar{b}\,c + \bar{a}\,\bar{b}\,c + a\,b\,\bar{c} + a\,\bar{b}\,\bar{c}
\end{aligned}
\qquad (2.12)
$$

$$
\begin{aligned}
f_2 &= \bar{a}\,b\,c + a\,\bar{b}\,\bar{c} + (a + \bar{a})\,\bar{b}\,c + (a + \bar{a})\,b\,\bar{c} \\
&= \bar{a}\,b\,c + a\,\bar{b}\,\bar{c} + a\,\bar{b}\,c + \bar{a}\,\bar{b}\,c + a\,b\,\bar{c} + \bar{a}\,b\,\bar{c}
\end{aligned}
\qquad (2.13)
$$

Funktionstabelle

a b c	$\bar{a}\,b$	$\bar{b}\,c$	$a\,\bar{c}$	f_1	$\bar{a}\,b\,c$	$a\,\overline{b\,c}$	$\bar{b}\,c$	$b\,\bar{c}$	f_2
0 0 0	0	0	0	0	0	0	0	0	0
0 0 1	0	1	0	1	0	0	1	0	1
0 1 0	1	0	0	1	0	0	0	1	1
0 1 1	1	0	0	1	1	0	0	0	1
1 0 0	0	0	1	1	0	1	0	0	1
1 0 1	0	1	1	1	0	0	1	0	1
1 1 0	0	0	1	1	0	0	0	1	1
1 1 1	0	0	0	0	0	0	0	0	0

Tabelle 2.2: Funktionstabelle der Funktionen f_1 und f_2

Man sieht an der algebraischen Umformung ebenso wie an der Funktionstabelle, Tabelle 2.2, daß die Funktionen f_1 und f_2 äquivalent sind.

Im Rahmen der algebraischen Umformung wurden die Funktionen f_1 und f_2 so erweitert, daß jede Variable in jeder Konjunktion genau einmal auftritt. Man bezeichnet eine derartige Darstellung einer Funktion als *Normalform*, je nach Art der Terme als disjunktive oder konjunktive Normalform. Die Normalformen einer Funktion sind eindeutig und daher für einen Äquivalenznachweis besonders geeignet.

Neben der Darstellung BOOLEscher Funktionen in algebraischer Form und in Funktionstabellen gibt es noch die sogenannten KARNAUGH-VEITCH-Diagramme, kurz *KV-Diagramme* genannt. In diesen wird jeder Variablenkombination einer Funktion ein Feld zugeordnet und je nach Auftreten (mit 1) bzw. Nicht-Auftreten (mit 0) markiert.

Das KV-Diagramm für drei Variable a, b und c hat dann das in Bild 2.3 dargestellte Aussehen.

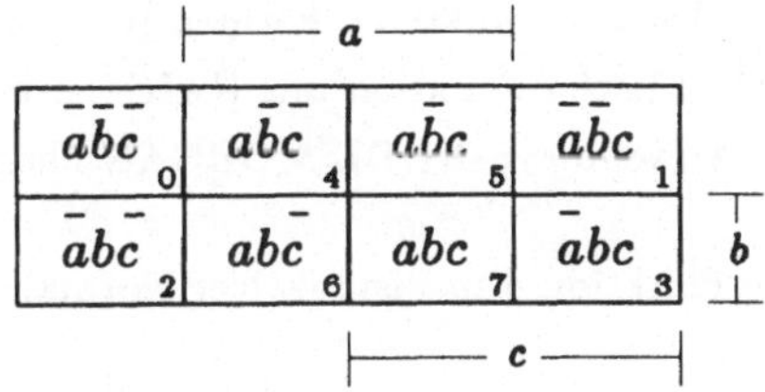

Bild 2.3: KV-Diagramm für die Variablen a, b und c

Die Zahlen, die unter den Kombinationen in die einzelnen Felder eingetragen sind, ergeben sich aus der Interpretation der entsprechenden Kombinationen als Dualzahl, z.B. $a\bar{b}c \cong 101 \cong 5$. Damit ergibt sich für die Funktionen f_1 und f_2 das in Bild 2.4 dargestellte KV-Diagramm.

f_1, f_2 :

	← a		→	
0	1	1	1	
1	1	0	1	b
		← c	→	

Bild 2.4: KV-Diagramm der Funktionen f_1 und f_2

Die *Umformung BOOLEscher Funktionen* hat Bedeutung im Rahmen der Realisierung einer Funktion durch bestimmte Gattertypen und für das Auffinden einer Darstellungsform, die bzgl. noch zu bestimmender Kriterien optimal ist. Eine weitere Anwendung im Testbereich besteht in der Umformung auf Antivalenzen, um mit Hilfe der BOOLEschen Differenz die Abhängigkeit der Ausgänge von Eingängen zu bestimmen.

Eine wichtige Art der Umformung BOOLEscher Funktionen bezieht sich auf deren Realisierung mit NAND- und NOR-Verknüpfungen. (NAND steht für negiertes UND und NOR für negiertes Oder.) Diese ist insofern interessant, als die NAND- und NOR-Funktionen funktional vollständig sind, d.h. durch sie lassen sich alle anderen BOOLEschen Funktionen ausdrücken. Da gleichzeitig eine Reihe von Realisierungen in aktiver Logik invertierenden Charakter hat, so daß sich als einfachste Grundschaltungen nicht UND und ODER sondern NAND und NOR ergeben, besitzt diese Art der Umformung praktische Bedeutung.

Ausgehend von konjunktiven bzw. disjunktiven Formen (dazu gehören auch die Normalformen) erhält man eine BOOLEsche Funktion mit NAND- oder NOR-Termen durch algebraische Umformung und Anwendung der DE MORGANschen Gesetze.

Beispiel: Gegeben sei eine Funktion y in disjunktiver Normalform (DNF):

$$y = a\,b\,c + \bar{a}\,b\,\bar{c} + \bar{a}\,\bar{b}\,c \tag{2.14}$$

Der Funktionswert bleibt bei zweifacher Negation unverändert, d.h.

$$y = \overline{\overline{a\,b\,c + \bar{a}\,b\,\bar{c} + \bar{a}\,\bar{b}\,c}} \tag{2.15}$$

Durch Auflösung dieser Form unter Verwendung der DE MORGANschen Gesetze ergibt sich:

$$y = \overline{\overline{(a\,b\,c)} \cdot \overline{(\bar{a}\,b\,\bar{c})} \cdot \overline{(\bar{a}\,\bar{b}\,c)}} \tag{2.16}$$

Diese Form enthält nur noch NAND-Verknüpfungen und kann direkt in eine zweistufige Realisierung mit NAND-Gattern umgesetzt werden. Dabei werden in der ersten Stufe die Eingangsvariablen a, b, c konjunktiv verknüpft und negiert und in der zweiten Stufe werden die Ergebnisse aus diesen Operationen konjunktiv verknüpft und negiert.

Das Vorgehen bei der Umformung BOOLEscher Funktionen auf NAND- und NOR-Formen läßt sich auch systematisieren. Man erhält dann eine Tabelle (Tabelle 2.3) für die Umsetzung konjunktiver und disjunktiver Formen in zweistufige NAND-, NOR-, UND- und ODER–Realisierungen.

Gegeben	Gesucht		Modifikationen		
			an den Variablen der		an dem Ergebnis
	1. Stufe	2.Stufe	1. Stufe	2. Stufe	
konjunktive Form	NOR	NOR	–	negieren	–
	UND	NOR	negieren	negieren	–
	NAND	NAND	negieren	–	negieren
	NAND	UND	negieren	–	–
disjunktive Form	NOR	NOR	negieren	–	negieren
	ODER	NAND	negieren	negieren	–
	NAND	NAND	–	negieren	–
	NOR	ODER	negieren	–	–

Tabelle 2.3: Umformungen konjunktiver und disjunktiver Formen [SmSeWo73]

Beispiel: Gegeben sei die Funktion y in disjunktiver Form. Gesucht seien Umsetzungen in NOR/ODER und NAND/NAND Formen.

$$y = \bar{a} + \bar{b}\,\bar{c} + a\,b\,c \tag{2.17}$$

$$y = \bar{a} + \overline{(b + c)} + \overline{(\bar{a} + \bar{b} + \bar{c})} \qquad \text{NOR/ODER}$$

$$y = \overline{a \cdot \overline{(\bar{b} \cdot \bar{c})} \cdot \overline{(a \cdot b \cdot c)}} \qquad \text{NAND/NAND}$$

Ein anderer Bereich der Umformung BOOLEscher Funktionen betrifft deren "Vereinfachung", um zu möglichst aufwandsminimalen Realisierungen zu gelangen. Das bedeutet im Rahmen des logischen Entwurfs die Verwendung einer möglichst geringen Anzahl von Verknüpfungen mit möglichst wenigen Variablen. Man bezeichnet diesen Bereich der Umformung BOOLEscher Funktionen auch als *Minimisierung*.

Im einfachsten Fall wird unter Anwendung der HUNTINGTONschen Axiome und der daraus abgeleiteten Gesetze minimisiert. Dafür sind insbesondere die Definition des Komplements und die Idempotenzgesetze von Bedeutung.

Beispiel:

$$\begin{aligned} y &= a\,\bar{b}\,c + a\,\bar{b}\,\bar{c} + a\,b\,\bar{c} + \bar{a}\,b\,c + \bar{a}\,b\,\bar{c} \\ y &= [a\,\bar{b}\,\underbrace{(c + \bar{c})}_{=1}] + [a\,\underbrace{(b + \bar{b})}_{=1}\,\bar{c}] + [\bar{a}\,b\,\underbrace{(c + \bar{c})}_{=1}] \\ y &= a\,\bar{b} + a\,\bar{c} + \bar{a}\,b \end{aligned} \tag{2.18}$$

Wie an diesem Beispiel leicht zu erkennen ist, läuft die Vereinfachung darauf hinaus, Terme, die sich in *genau einer* Variablen unterscheiden, zusammenzufassen. Auch dieser Schritt läßt sich für komplexere Funktionen, d.h. größere Variablenzahlen, systematisieren, indem man die Suche nach solchen Termen methodisch betreibt. Ein solches Verfahren wurde z.B. von QUINE und McCLUSKEY entwickelt [McClu65].

Eine andere Möglichkeit der Minimisierung eröffnet sich aus der bereits beschriebenen Darstellung BOOLEscher Funktionen in KV-Diagrammen. Denn in diesen Diagrammen sind Terme, die sich in genau einer Variablen unterscheiden, benachbart. Die Zusammenfassung von Termen, die sich in genau einer Variablen unterscheiden, zu Blöcken, ist Gegenstand dieser graphischen Minimisierungsmethode.

Beispiel: Gegeben sei die Funktion

$$y = \bar{a}\,\bar{b}\,\bar{c}\,\bar{d} + \bar{a}\,\bar{b}\,c\,\bar{d} + \bar{a}\,b\,c\,d + a\,\bar{b}\,\bar{c}\,\bar{d} + a\,\bar{b}\,\bar{c}\,d + a\,b\,\bar{c}\,\bar{d} + a\,b\,\bar{c}\,d \tag{2.19}$$

die mit einem KV-Diagramm (Bild 2.5) minimisiert werden soll.

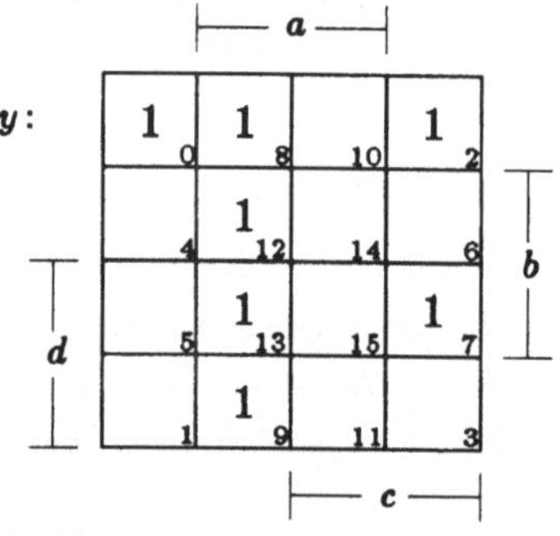

Bild 2.5: Darstellung der Funktion y im KV-Diagramm

Die Terme (0,8), (8,12), (0,2), (12,13), (9,13) und (8,9) unterscheiden sich jeweils nur in einer Variablen. Zusätzlich unterscheiden sich die Blöcke (8,12) und (9,13) in nur einer Variablen. Daraus ergibt sich unter Vermeidung von Mehrfachüberdeckungen für einzelne Terme (Idempotenzgesetz) die minimisierte Funktion zu:

$$y = a\bar{c} + \bar{a}\bar{b}\bar{d} + \bar{a}bcd \tag{2.20}$$

Mit diesen kurzgefaßten Ausführungen zur Minimisierung sollen die Betrachtungen über BOOLEsche Funktionen abgeschlossen werden. — Im Rahmen ihrer Umsetzung in integrierte Schaltungen sind noch andere Optimierungskriterien wie z.B. Fläche oder Laufzeiten zu berücksichtigen, doch ist dieser Schritt nur auf der Grundlage einer real existierenden Technologie durchführbar.

2.5 Kombinatorische und sequentielle Schaltungen

Die technische Realisierung BOOLEscher Funktionen führt auf logische Schaltungen, zu denen in Kap. 2.2 schon einige grundlegende Anmerkungen gemacht worden sind. Ergänzend zu dem dort Gesagten lassen sich logische Schaltungen in Schaltnetze (kombinatorische Schaltungen, *engl. combinational circuits*) und Schaltwerke (sequentielle Schaltungen, *engl. sequential circuits*) einteilen, je nachdem ob sie über Speichereigenschaften verfügen (Schaltwerke) oder nicht (Schaltnetze). Im folgenden soll auf die grundlegenden Eigenschaften von Schaltnetzen und Schaltwerken eingegangen werden und es sollen Methoden bereitgestellt werden, mit denen sie beschrieben werden können.

2.5.1 Kombinatorische Schaltungen

Eine kombinatorische Schaltung (Schaltnetz) ist als eine Anordnung definiert, die logische Variable derart verknüpft, daß die Signale an den Ausgängen des Schaltnetzes zu jedem beliebigen Zeitpunkt nur von den Werten der Variablen an den Eingängen abhängen. Die bei technischen Systemen dieser Art grundsätzlich vorhandenen Signalverzögerungen sollen als unwirksam bzgl. der logischen Funktion vorausgesetzt werden.

Von der Struktur her sind Schaltnetze daher vor allem dadurch gekennzeichnet, daß sie keine Rückführungen von Ausgängen auf Eingänge enthalten. Man kann das logische Verhalten allgemein durch ein System BOOLEscher Funktionen $f_1, f_2, \ldots, f_m$ beschreiben, in dem die Ausgänge $a_1, a_2, \ldots, a_m$ in Abhängigkeit von den Eingängen $e_1, e_2, \ldots, e_n$ dargestellt werden.

$$\begin{aligned} a_1 &= f_1\,(e_1, e_2, \ldots, e_n) \\ a_2 &= f_2\,(e_1, e_2, \ldots, e_n) \\ \vdots\ &\ \vdots \\ a_i &= f_i\,(e_1, e_2, \ldots, e_n) \\ \vdots\ &\ \vdots \\ a_m &= f_m\,(e_1, e_2, \ldots, e_n) \end{aligned} \tag{2.21}$$

In einer schematischen Darstellung, Bild 2.6, realisiert das Schaltnetz das *Funktionsbündel* $F = (f_1, f_2, \ldots, f_i, \ldots, f_m)$, das den *Eingangsvektor* $E = (e_1, e_2, \ldots, e_n)$ umsetzt auf einen *Ausgangsvektor* $A = (a_1, a_2, \ldots, a_m)$, d.h. das obige Gleichungssystem kann auch vektoriell ausgedrückt werden.

$$A = F(E) \tag{2.22}$$

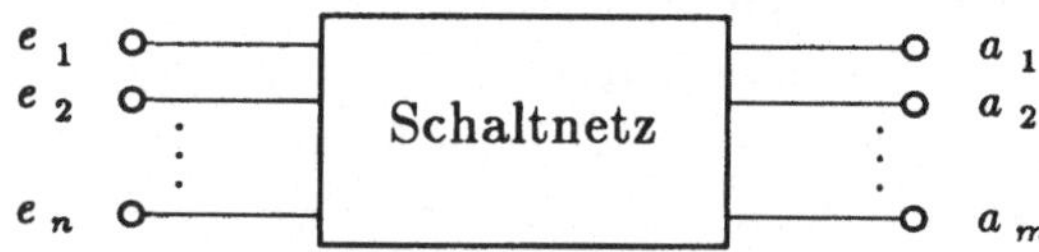

Bild 2.6: Schematische Darstellung eines Schaltnetzes

Die Interpretation der Schaltnetzgleichungen besagt auch, daß jede Komponente des Ausgangsvektors eine Funktion der zum Betrachtungszeitpunkt anliegenden Eingangsvariablen ist (und nur von diesen) und getrennt von den anderen Ausgängen berechnet werden kann. Damit läßt sich auch der *Entwurf von Schaltnetzen* zerlegen in die Berechnung der Funktionen für die einzelnen Ausgänge. Die folgenden Schritte werden dabei normalerweise durchlaufen:

1. *Spezifikation*
   Im Rahmen dieses Schritts ist festzulegen, welches Problem bzw. welche Aufgabenstellung mit dem Schaltnetz gelöst werden soll. Geeignet dafür sind verbale oder teilweise formalisierte Angaben.

2. *Formale Beschreibung*
   Die Spezifikation wird in diesem Schritt formalisiert. Dafür eignen sich die verschiedenen Methoden zur Beschreibung BOOLEscher Funktionen, wie Funktionstabellen,

Gleichungen oder Diagramme. Im allgemeinen ist die Spezifikation für eine formale Beschreibung weiter zu detaillieren.

3. *Minimisierung*
   Die formale Beschreibung wird bzgl. der Anzahl der Variablen und der Anzahl der Verknüpfungen optimiert. Dieser Schritt kann unter Verwendung der eingeführten graphischen oder tabellarischen Verfahren erfolgen.

4. *Umformung für eine bestimmte Realisierung*
   Jede Realisierung basiert auf der Verwendung bestimmter Gattertypen, sei es in Form von fertigen MSI-Schaltungen für diskrete Realisierungen oder in Form einer Zellbibliothek bei integrierten Lösungen mit Standardzellen oder Gate-Arrays. Die minimisierten Funktionen der Schaltnetzausgänge sind für die vorgesehene Realisierung entsprechend umzuformen.

5. *Realisierung*
   Dieser abschließende Schritt des logischen Entwurfs besteht in der Darstellung der entworfenen Schaltung unter Vewendung logischer Schaltsymbole.

Der gesamte Ablauf beim Schaltnetzentwurf soll nachfolgend noch einmal an einem Beispiel erläutert werden.

Beispiel: Es soll ein Schaltnetz entworfen werden, das in der Lage ist, zwei zweistellige Dualzahlen zu multiplizieren. Das Ergebnis soll als Dualzahl angegeben werden. Die Realisierung des Schaltnetzes soll mit NAND-Verknüpfungen erfolgen.

Für eine *formale Beschreibung* ist zunächst einmal die Aufgabenstellung weiter zu detaillieren. Das betrifft z.B. die Anzahl der Ausgänge. Diese wird sinnvollerweise mit 4 festgelegt, da die Multiplikation 9 als größtes Ergebnis liefert. Die Beschreibung soll in Form einer Funktionstabelle erfolgen. Dabei seien a, b bzw. c, d die beiden zu multiplizierenden Dualzahlen und w, x, y und z das Ergebnis als Dualzahl.

Eingänge				Ausgänge			
a	b	c	d	w	x	y	z
0	1	0	1	0	0	0	1
0	1	1	0	0	0	1	0
0	1	1	1	0	0	1	1
1	0	0	1	0	0	1	0
1	0	1	0	0	1	0	0
1	0	1	1	0	1	1	0
1	1	0	1	0	0	1	1
1	1	1	0	0	1	1	0
1	1	1	1	1	0	0	1

Tabelle 2.4: Funktionstabelle eines Multiplizierers

Die nicht aufgeführten 7 Kombinationen der Eingangsvariablen stellen Verknüpfungen dar, bei denen mindestens einer der Operanden 0 ist, d.h. ihr Ergebnis ist 0, wie in Gleichung 2.23 angegeben.

$$w = x = y = z = 0. \tag{2.23}$$

Die *Minimisierung* soll mit Hilfe von KV-Diagrammen, Bild 2.7, erfolgen und zwar getrennt für jede einzelne Ausgangsvariable.

Für die Variable w gibt es keine Minimisierungsmöglichkeit, wie in der Funktionstabelle zu sehen ist. Man erhält dann insgesamt die folgenden Ausgangsfunktionen:

$$\begin{aligned} w &= a\,b\,c\,d \\ x &= a\,\bar{b}\,c + a\,c\,\bar{d} \\ y &= a\,\bar{c}\,d + b\,c\,\bar{d} + \bar{a}\,b\,c + a\,\bar{b}\,d \\ z &= b\,d \end{aligned} \tag{2.24}$$

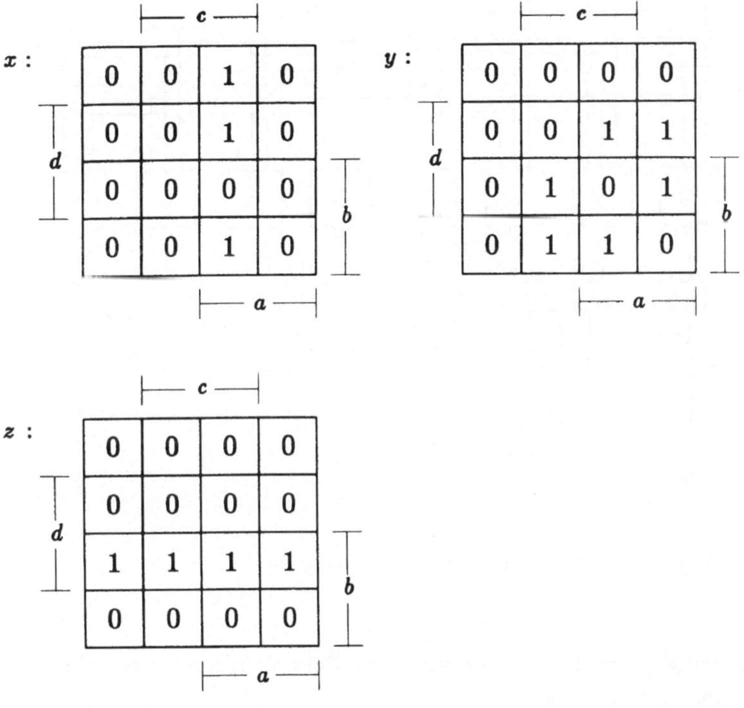

Bild 2.7: KV-Diagramme für die Ausgänge x, y, z

Die *Umformung* auf eine zweistufige NAND/NAND–Form soll unter Anwendung der DE MORGANschen Gesetze erfolgen.

$$\begin{aligned}
\overline{w} &= \overline{a\,b\,c\,d} \\
\overline{x} &= \overline{a\,\overline{b}\,c + a\,c\,\overline{d}} = \overline{a\,\overline{b}\,c} \cdot \overline{a\,c\,\overline{d}} \\
\overline{y} &= \overline{a\,\overline{c}\,d} \cdot \overline{b\,c\,\overline{d}} \cdot \overline{\overline{a}\,b\,c} \cdot \overline{a\,\overline{b}\,d} \\
\overline{z} &= \overline{b\,d}
\end{aligned} \tag{2.25}$$

Für die *Realisierung* wird vorausgesetzt, daß die Eingangsvariablen negiert und nicht negiert vorliegen. – Man erhält dann die in Bild 2.8 angegebene symbolische Darstellung.

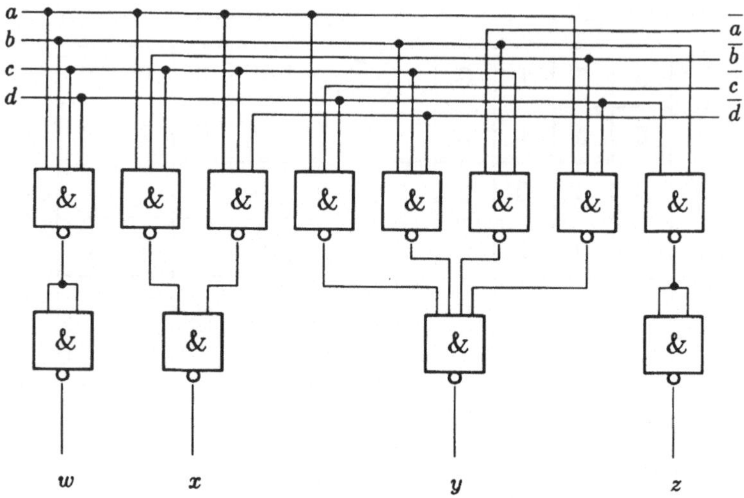

Bild 2.8: Schaltung eines Multiplizierers

Mit diesem Beispiel soll die Einführung in die Schaltnetzbeschreibung und den Schaltnetzentwurf abgeschlossen werden.

2.5.2 Sequentielle Schaltungen

Die bisher betrachteten kombinatorischen Schaltungen sind durch den beschriebenen funktionalen Zusammenhang zwischen Ein- und Ausgängen charakterisiert, der eine Realisierung von Aufgabenstellungen, bei denen die Vorgeschichte eine Rolle spielt, nicht erlaubt. Für derartige Aufgabenstellungen sind Speicherelemente erforderlich, die logische Variable aufnehmen, speichern und wieder abgeben können. Schaltungen mit Speicherelementen bezeichnet man als sequentielle Schaltungen (Schaltwerke). Sie sind insbesondere dadurch gekennzeichnet, daß die Werte ihrer Ausgangsvariablen auch von zeitlich zurückliegenden Werten der Eingangsvariablen abhängen können. Für eine systematische Erfassung dieser zurückliegenden Einwirkungen, wird der Begriff des *Zustandes Z* einer Schaltung eingeführt. Dieser drückt sich wie Eingänge und Ausgänge durch die Kombination von *Zustandsvariablen* z_i aus. Damit läßt sich das Ausgangsverhalten sequentieller Schaltungen analog zu dem kombinatorischer Schaltungen wie folgt darstellen:

$$\begin{aligned} a_1 &= f_1\,(e_1, e_2, \ldots, e_n, z_1, z_2, \ldots, z_k) \\ a_2 &= f_2\,(e_1, e_2, \ldots, e_n, z_1, z_2, \ldots, z_k) \\ \vdots\;\; &\;\;\vdots \\ a_m &= f_m\,(e_1, e_2, \ldots, e_n, z_1, z_2, \ldots, z_k) \end{aligned} \tag{2.26}$$

Durch die Zustandsvariablen $z_1, z_2, \ldots, z_k$ wird die Vorgeschichte einer Schaltung beschrieben, die offensichtlich, je nach Betrachtungszeitpunkt, verschieden sein kann. Insofern ist es für eine eindeutige Beschreibung erforderlich, den Betrachtungszeitpunkt t bei der Formulierung der Ausgangsverhalten mit zu verwenden. Aus Gleichung 2.26 ergibt sich damit in vektorieller Form:

$$A^t = F(E^t, Z^t) \tag{2.27}$$

Entsprechend ergibt sich ein neuer Zustand zum Zeitpunkt $t + \tau$ aus dem Zustand zum Zeitpunkt t und den in t wirksamen Eingangsgrößen:

$$Z^{t+\tau} = G(E^t, Z^t) \tag{2.28}$$

Die Größe G in Gleichung 2.28 stellt wiederum ein Funktionsbündel dar, mit dem die Abhängigkeit der einzelnen Zustandsvariablen $z_i^{t+\tau}, 1 \leq i \leq k$, von den Eingängen E^t und der Vorgeschichte, in Form der Z^t, ausgedrückt wird.

$$\begin{aligned} z_1^{t+\tau} &= g_1\,(e_1^t, e_2^t, \ldots, e_k^t, z_1^t, z_2^t, \ldots, z_k^t) \\ z_2^{t+\tau} &= g_2\,(e_1^t, e_2^t, \ldots, e_n^t, z_1^t, z_2^t, \ldots, z_k^t) \\ \vdots\;\; &\;\;\vdots \\ z_k^{t+\tau} &= g_k\,(e_1^t, e_2^t, \ldots, e_n^t, z_1^t, z_2^t, \ldots, z_k^t) \end{aligned} \tag{2.29}$$

Für eine schematische Darstellung sequentieller Schaltungen kann man eine Aufteilung so vornehmen, daß ein kombinatorischer Teil die beiden Funktionsbündel F und G realisiert und daß die durch G erzeugten Zustandsvariablen um τ verzögert auf den Eingang zurückgeführt werden. Man erhält so die in Bild 2.9 angegebene schematische Darstellung für sequentielle Schaltungen.

Die eingeführte Beschreibung von Schaltwerken benutzt nach wie vor BOOLEsche Funktionen, doch sind in ihnen zeitliche Abhängigkeiten enthalten, um die Speichereigenschaften sequentieller Schaltungen zu erfassen. In der Beschreibung werden zwei aufeinanderfolgende Zeitpunkte t und $t + \tau$ betrachtet. Je nachdem, ob die Zeitpunkte, zu denen

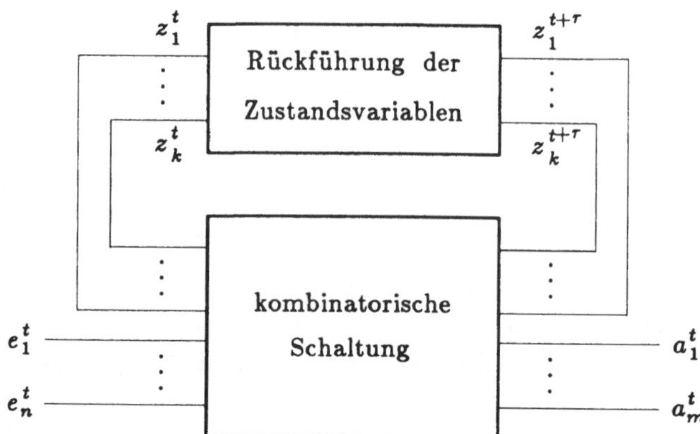

Bild 2.9: Schematische Darstellung einer sequentiellen Schaltung

Änderungen im System erfolgen können, äquidistant sind oder nicht, spricht man von synchronen oder asynchronen Schaltungen. Normalerweise wird die Einschränkung, daß Systemänderungen nur zu bestimmten Zeitpunkten erfolgen können, bei synchronen Schaltungen durch *Taktsignale* realisiert, die auslösend für die übrigen Signale wirken. Bei asynchronen Schaltungen werden spontane Änderungen im System als direkte Folge von Signaländerungen zugelassen. Entsprechend werden asynchrone Schaltwerke meist in Form rückgekoppelter Schaltnetze realisiert, bei denen ohne synchronisierenden Takt direkte Auswirkungen der Signale erfolgen. Bedingt dadurch ist beim Entwurf derartiger Schaltungen auf die Stabilität der Rückkopplungen und auf andere zeitkritische Nebenbedingungen zu achten.

Beim Entwurf synchroner Schaltwerke wird durch die Verwendung von Taktsignalen erreicht, daß sich Signaländerungen nur zu den diskreten Taktzeitpunkten t, $t+1$, $t+2, \ldots$ auswirken. (Die Gleichungen 2.28 und 2.29 ändern sich für synchrone Schaltwerke dann entsprechend.)

Infolgedessen bleiben zwischen den Taktzeitpunkten liegende Störungen unberücksichtigt und auch die Stabilität stellt kein Problem dar, wie das bei den asynchronen Schaltwerken der Fall ist.

Für die Realisierung synchroner Schaltwerke verwendet man üblicherweise Binärspeicher in Form von Flipflops oder Registern. In diesen werden die Zustandsvariablen z_i, $1 \leq i \leq k$, gespeichert. Vom kombinatorischen Teil des Schaltwerkes werden diese Binärspeicher so angesteuert, daß sich die gewünschte Abfolge von Zuständen in den zugehörigen Zustandskombinationen ausdrückt. Im folgenden soll eine kurze Einführung in den Entwurf synchroner Schaltwerke gegeben werden.

Ausgangspunkt für den *Entwurf synchroner Schaltwerke* ist eine Problembeschreibung aus der eine formalisierte Aufgabenstellung abzuleiten ist. Diese sollte eine Zuordnung der Systemgrößen zu Ein- und Ausgangsvariablen und eine Aussage über die Anzahl der Zustände enthalten. Eine anschauliche Möglichkeit zur Darstellung des Übergangsverhaltens von Schaltwerken stellen sog. Übergangsgraphen dar. Die Zustände werden dabei auf die Knoten abgebildet, die durch gerichtete Kanten verbunden sind. Diese erhalten als Bezeichnung die Eingangskombinationen, die den entsprechenden Zustandsübergang bewirken und die Ausgangskombinationen, die jeweils erzeugt werden.

Ausgehend von einer derartigen Spezifikation werden nun die Funktionen F und G berechnet. Dazu muß zunächst eine Zustandscodierung gewählt werden, bei der die einzelnen Zustände bestimmten Kombinationen der Zustandsvariablen zugeordnet werden. Sieht man nun für jede Zustandsvariable ein binäres Speicherelement, z.B. ein Flipflop, vor, so besteht die Realisierung der Funktion G darin, die einzelnen Speicherelemente so anzusteuern, daß die in dem Übergangsgraphen enthaltenen Zustandsübergänge realisiert werden. Die Funktionen werden in der gleichen Weise erzeugt wie die Ausgangsfunktionen von Schaltnetzen, nur daß hier als Eingänge zusätzlich Zustandsvariable Verwendung finden. Im folgenden soll an einem Beispiel der Entwurf synchroner Schaltwerke mit vorgegebenen Speicherelementen erläutert werden.

Beispiel: Es soll eine Schaltung entworfen werden, die eine bestimmte Abfolge von Eingangskombinationen erkennt. Die Schaltung habe zwei Eingänge a und b, und die zu erkennende Folge sei $a\,b$, $\bar{a}\,b$, $\bar{a}\,\bar{b}$. Eine erkannte Folge soll am Ausgang y durch eine logische 1 signalisiert werden.

In einer weiteren Detaillierung der Aufgabenstellung wird zunächst die Anzahl der benötigten Zustände festgelegt. Diese ergibt sich zu 4, wenn man die folgenden Zuordnungen verwendet:

Zustand 0: Anfangszustand

Zustand 1: Die Kombination $a\,b$ ist aufgetreten.

Zustand 2: Die Kombinationsfolge $a\,b$, $\bar{a}\,b$ ist aufgetreten.

Zustand 3: Die Kombinationsfolge $a\,b$, $\bar{a}\,b$, $\bar{a}\,\bar{b}$ ist aufgetreten.

Damit läßt sich der in Bild 2.10 angegebene Übergangsgraph für die zu entwerfende Schaltung angeben.

Für die Realisierung der Zustände sind zwei Binärspeicher erforderlich, mit denen die benötigten 4 Zustandskombinationen dargestellt werden können.

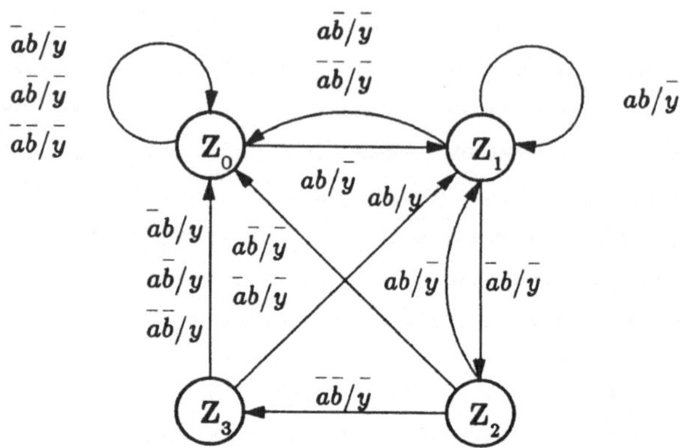

Bild 2.10: Übergangsgraph

Die Codierung soll dabei so erfolgen, daß die Zustandsindizes als Dualzahlen interpretiert werden. In Tabelle 2.5 sind Übergangs- und Ausgangsverhalten dargestellt.

Im nächsten Schritt ist festzulegen, welche Speicher für die Zustandsvariablen verwendet werden sollen. Verwendet man JK-Flipflops mit der Übergangsfunktion

$$z_i^{t+1} = j_i^t \bar{z}_i^t + \bar{k}_i^t z_i^t \tag{2.30}$$

so erhält man die *Ansteuerbedingungen* für die Flipflopeingänge j_i und k_i wie in Gleichung 2.31 angegeben:

$$\begin{aligned} j_i^t &= z_i^{t+1} \quad \text{für} \quad z_i^t = 0 \\ k_i^t &= \bar{z}_i^{t+1} \quad \text{für} \quad z_i^t = 1 \end{aligned} \tag{2.31}$$

Damit lassen sich die Ansteuergleichungen bestimmen. Das soll im folgenden mit Hilfe von KV-Diagrammen erfolgen, weil dabei auch gleichzeitig eine Minimisierung vorgenommen werden kann.

Die Ausgangsfunktion y^t kann aus der Übergangstabelle mittels KV-Diagramm minimisiert werden.

Eingang		Zustand			Folgezustand			Ausgang
a^t	b^t	Nr.	z_1^t	z_0^t	Nr.	z_1^{t+1}	z_0^{t+1}	y^t
0	0	0	0	0	0	0	0	0
0	1		0	0	0	0	0	0
1	0		0	0	0	0	0	0
1	1		0	0	1	0	1	0
0	0	1	0	1	0	0	0	0
0	1		0	1	2	1	0	0
1	0		0	1	0	0	0	0
1	1		0	1	1	0	1	0
0	0	2	1	0	3	1	1	0
0	1		1	0	0	0	0	0
1	0		1	0	0	0	0	0
1	1		1	0	1	0	1	0
0	0	3	1	1	0	0	0	1
0	1		1	1	0	0	0	1
1	0		1	1	0	0	0	1
1	1		1	1	1	0	1	1

Tabelle 2.5: Übergangstabelle

Mit diesen Gleichungen läßt sich eine symbolische Darstellung, Bild 2.13, für die zu entwerfende Schaltung angeben.

Mit diesem Beispiel soll die kurze Einführung in den logischen Entwurf digitaler Schaltungen beendet werden. Der logische Entwurf gehört zu den ersten Schritten beim Entwurf digitaler Schaltungen und ein Verständnis seiner Grundlagen ist insbesondere auch für die Ausführungen über den Test digitaler Schaltungen hilfreich.

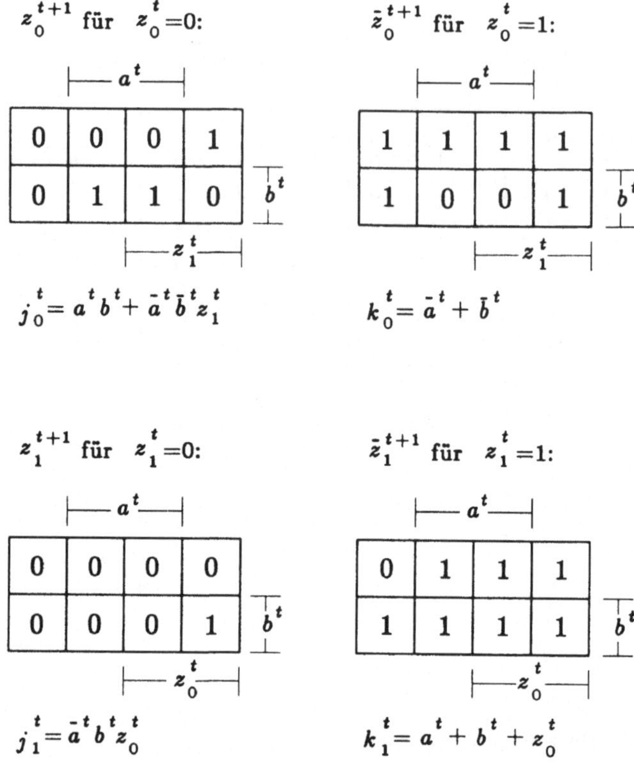

Bild 2.11: KV-Diagramme für die Ansteuergleichungen

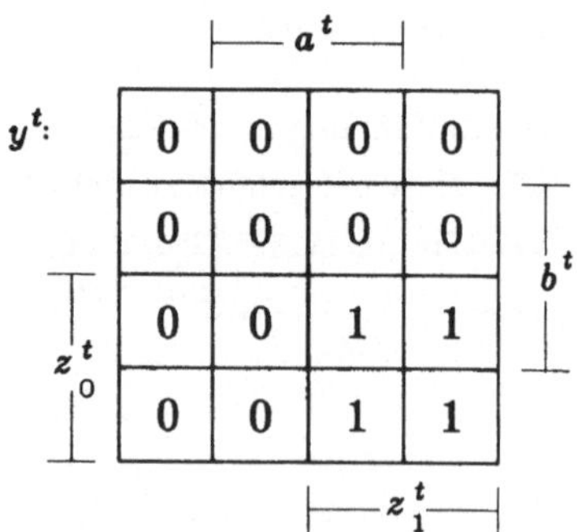

Bild 2.12: KV-Diagramm für die Ausgangsfunktion

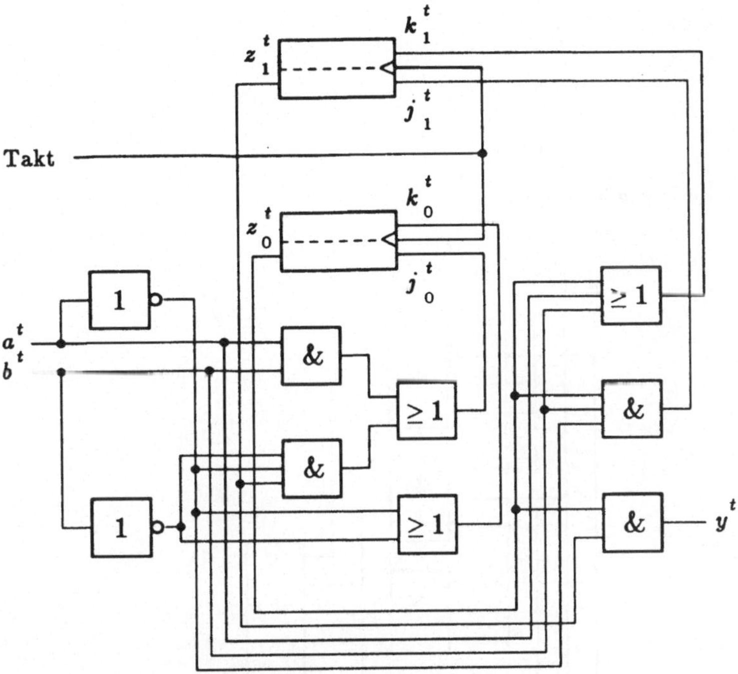

Bild 2.13: Schaltbild zum Entwurfsbeispiel

2.6 Aufgaben

Aufgabe 2.1

Gegeben ist die folgende Schaltung:

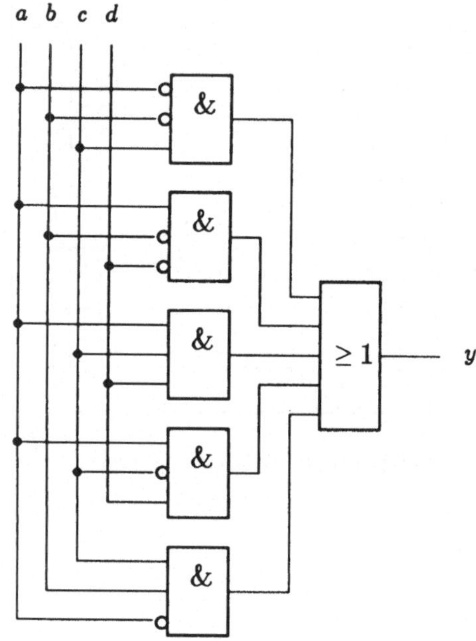

Bild A2.1: Schaltung mit Redundanz

Durch Minimisierung in einem KV–Diagramm sollen die Redundanzen der Schaltung eliminiert werden.

Aufgabe 2.2

Gegeben ist das in Bild A2.2 dargestellte Schaltnetz. Gesucht ist eine äquivalente minimale Realisierung der Schaltung, die ausschließlich NAND–Gatter enthalten soll.

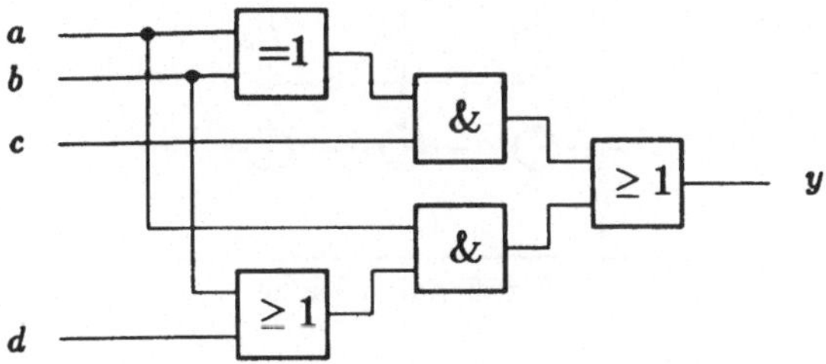

Bild A2.1:

Aufgabe 2.3

Es soll ein Schaltnetz entworfen werden, das verschiedene logische Verknüpfungen zweier Variablen a und b durchgeführt. Die gewünschte Verknüpfung soll über 3 Steuervariablen S_0, S_1, S_2 gemäß Tabelle A2.1 eingestellt werden. Das Schaltnetz soll minimal sein und ausschließlich NAND–Gatter und Inverter enthalten.

Verknüpfung	S_2	S_1	S_0
$y = a \cdot b$	0	0	0
$y = \bar{a} \cdot b$	0	0	1
$y = a + b$	0	1	0
$y = a + \bar{b}$	0	1	1
nicht definiert	1	0	0
$y = a \not\equiv b$	1	0	1
$y = \bar{a} + b$	1	1	0
$y = a \cdot \bar{b}$	1	1	1

Tabelle A2.1: Verknüpfungen in Abhängigkeit von den Steuervariablen S_2, S_1, S_0

Aufgabe 2.4

Zur Geschwindigkeitsmessung im Straßenverkehr wird eine Anlage auf der Basis von drei Lichtschranken eingesetzt. Die Lichtschranken verlaufen in einer Ebene parallel zur Strassenoberfläche. Bild A2.3 zeigt das Schema der Lichtschrankenanordnung in Strahlrichtung gesehen und Bild A2.4 das Blockschaltbild der Empfängerseite der Anlage.

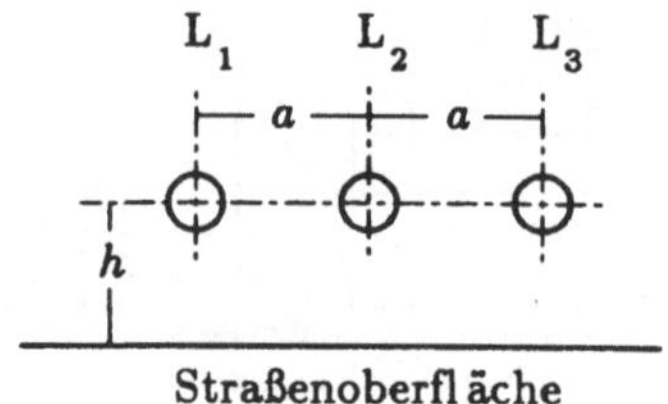

Bild A2.3: Schema der Lichtschrankenanordnung

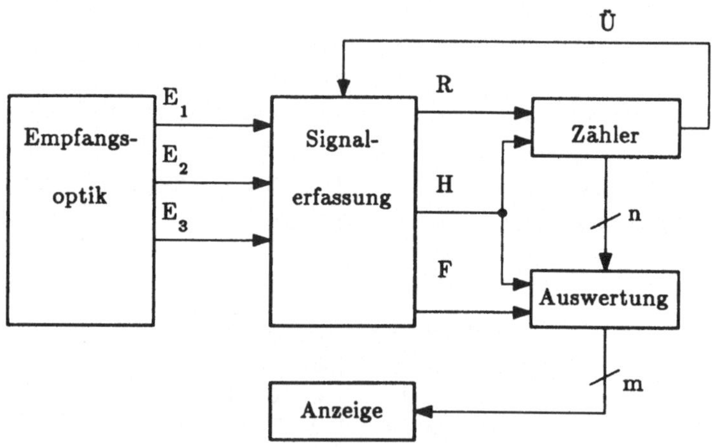

Bild A2.4: Blockschaltbild der Empfängerseite

Findet keine Messung statt, wird der Zähler zurückgesetzt. Unterbricht ein Fahrzeug eine der äußeren Lichtschranken L_1 oder L_3 ($E_1 = 1$ bzw. $E_3 = 1$), wird der Zähler durch $R = 0$ gestartet. Wird danach die mittlere Lichtschranke L_2 unterbrochen ($E_2 = 1$), hält der Zähler durch $H = 1$ an. Gleichzeitig zeigt $H = 1$ der Auswerteinheit an, daß der Zähler einen gültigen Meßwert enthält. Sobald das Fahrzeug die Meßanordnung verläßt, wird Hauf den Wert 0 gesetzt und der Zähler durch $R = 1$ für den nächsten Meßvorgang zurückgesetzt. Falls im Zähler ein Überlauf ($\ddot{U} = 1$) auftritt oder eine Bedingung vorliegt, die zu einer ungültigen Messung führen könnte, wird so lange das Fehlersignal $F = 1$ erzeugt, bis keine der Lichtschranken mehr eine Unterbrechung meldet.

Der Block *Signalerfassung* soll als synchrones Schaltwerk realisiert werden. Für die notwendigen Zustandsspeicher stehen D–Flipflops mit RESET–Eingang zur Verfügung. Dieser Eingang wird durch eine logische '1' aktiviert.

3 Schaltungsfehler und Testmethodik

Als Fehler (*engl. fault*) bezeichnet man das Fehlverhalten einer Schaltung oder eines Systems, wobei ein solches Fehlverhalten darin besteht, daß bestimmte Systemgrößen von den erwarteten Werten abweichen. Das bedeutet bei digitalen Schaltungen insbesondere, daß eine andere als die gewünschte logische Funktion realisiert wird. Da es verschiedene Erscheinungsformen von Fehlern gibt, wird in den folgenden Abschnitten auf ihre Ursachen eingegangen und es wird eine Einteilung in Fehlerarten vorgenommen. Daran anschließend werden Strategien für den Test dieser Schaltungen behandelt.

3.1 Fehlerursachen

Schaltungsfehler können auf verschiedene Art und Weise entstehen. Betrachtet man ein gesamtes System, so stellt die Verbindung einzelner Module eine wesentliche Fehlerquelle dar. Auf der Ebene der Module, die im allgemeinen als gedruckte Schaltungen realisiert werden, gibt es z.B. Fehler durch vertauschte Bauelemente, Unterbrechungen von Leiterbahnen oder auch Kurzschlüsse durch Fehler beim Ätzen oder Löten. Fehler auf der Ebene der integrierten Schaltungen können verschiedene Ursachen haben. Beispielhaft seien im folgenden einige davon aufgezählt:

- Fehlstellen im Grundmaterial (statistisch verteilt)

- Fehler bei der Herstellung
  - ungleichmäßige Dotierung
  - ungleichmäßiges Ätzen
  - Justierungsfehler der Masken
  - Schäden an den Masken
  - Bondfehler

- Ausfälle nach der Herstellung
  - statische Aufladung bei CMOS
  - thermische Überlastung
  - elektrische Überlastung
  - Atommigration

- Einflüsse der Betriebsumgebung

Diese Auswahl an möglichen Fehlerursachen erhebt keinen Anspruch auf Vollständigkeit, sondern soll lediglich eine Vorstellung über die Vielzahl möglicher Ursachen eines Fehlers vermitteln.

3.2 Fehlerarten

Die Fehler lassen sich gemäß ihrem Erscheinungsbild zunächst in zwei Gruppen unterteilen. In die erste Gruppe fallen die Fehler, die durch einen fehlerhaften Entwurf hervorgerufen werden, während die zweite Gruppe die Schaltungsfehler umfaßt, die in einem Defekt in der tatsächlich aufgebauten Schaltung bestehen.

Hinsichtlich ihrer Wirkung lassen sich Schaltungsfehler in beständige (*engl. permanent*) und vorübergehende (*engl. intermittent*) Fehler unterteilen. Letztere können z.B. durch Wackelkontakte, Einbrüche in der Spannungsversorgung oder durch Störungen von außen entstehen. Für die Ermittlung solcher Fehler lassen sich keine allgemeinen Regeln angeben. Sie werden deshalb in diesem Zusammenhang nicht weiter behandelt.

Bei den beständigen Fehlern lassen sich statische und dynamische Fehler unterscheiden. Unter dem Begriff des dynamischen Fehlers faßt man Effekte wie z.B. zu flache Signalflanken, Überschwingen durch Reflexionen, Races und Hazards zusammen. Auch Fehler durch Induktion oder Influenz bei paralleler Leitungsführung fallen in diese Gruppe. Fehler dieser Art lassen sich zum großen Teil durch genaue Einhaltung der Regeln für den logischen und den geometrischen Entwurf vermeiden.

Wird hingegen durch einen Fehler die Anzahl der Eingänge oder Ausgänge statisch verändert oder durch einen Kurzschluß eine Rückkopplung geschaffen, so spricht man von einer Strukturerweiterung. Die dadurch entstehenden Fehler sind schwer zu testen, da Testmuster normalerweise entsprechend der Struktur der Schaltung erzeugt werden.

Die zweite Art der statischen Fehler sind die logischen Fehler, die sich in drei Gruppen unterteilen lassen. Die erste Gruppe umfaßt die Haftfehler (*engl. stuck-at-faults*). Das sind Fehler, bei denen der Wert einer logischen Variablen an der Fehlerstelle durch ständig '0' (s–0) oder ständig '1' (s–1) gekennzeichnet ist. Die zweite Gruppe umfaßt Kurzschlußfehler, soweit sie nicht zu Strukturerweiterungen führen. Die letzte Gruppe schließlich erfaßt die Vertauschungsfehler, bei denen sich die Funktion der Schaltung durch Verwendung eines falschen Bauelementes ändert.

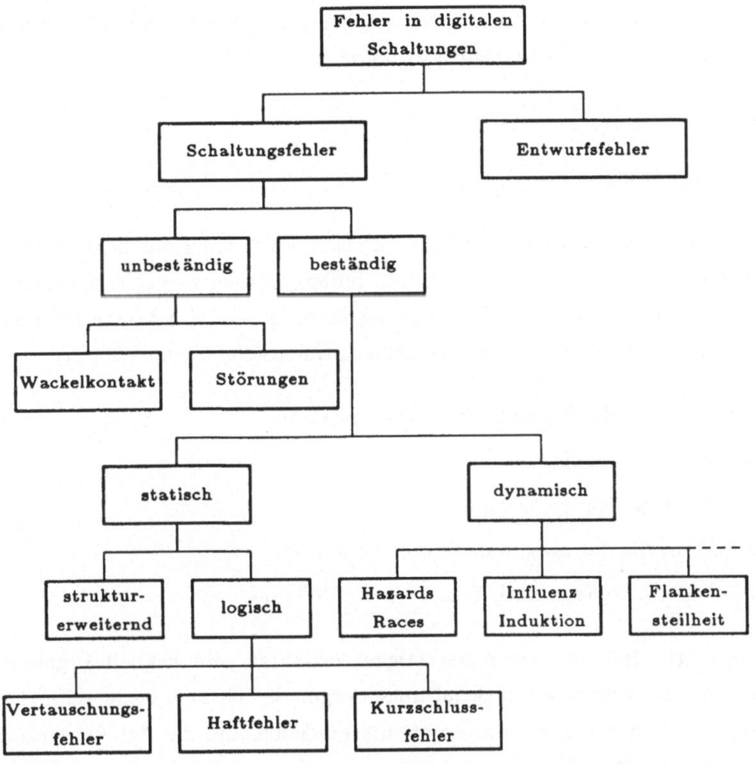

Bild 3.1: Fehler in digitalen Schaltungen [Muth75]

Die im folgenden behandelten Algorithmen zur Testmusterbestimmung sind in ihrer Anwendung auf eine kleine Gruppe von Fehlern, nämlich die logischen Fehler, beschränkt.

3.3 Teststrategien

Es gibt unterschiedliche Wege, um die Funktion einer digitalen Schaltung zu überprüfen. Die dafür verwendete Methodik erstreckt sich vom Funktionstest über strukturelle Tests bis hin zu stochastischen Tests. Beim Funktionstest, der üblicherweise durch den Entwerfer einer Schaltung vorzubereiten ist, werden ausgewählte Muster zur Prüfung der korrekten Funktion bereitgestellt. Für strukturelle Tests werden aus der Topologie Muster zur Sensibilisierung bestimmter Pfade extrahiert. Bei stochastischen Tests schließlich werden zufällige oder pseudozufällige Testmuster angelegt, deren Effizienz möglicherweise noch durch eine Fehlersimulation überprüft werden muß.

3.3.1 Funktionstests

Der Funktionstest basiert darauf, daß die korrekte Funktion eines Schaltkreises bekannt ist. Die notwendigen Tests werden bestimmt, indem man versucht, Testmuster zu finden, die auf die korrekte Funktion des Prüflings schließen lassen. Ein Musterbeispiel für einen Baustein, der sich gut mit einem Funktionstest prüfen läßt, ist ein Zähler.

Ein Test dafür könnte die folgenden Schritte umfassen:

1. Rücksetzen der Flipflops.
2. Prüfen, ob die Ausgänge '0' sind.
3. Zähler takten, bis der maximale Stand erreicht ist.
4. Prüfen, ob die Ausgänge nach dem Überlauf '0' sind.

Das Beispiel zeigt, daß mit einem derartigen Verfahren sehr schnell Ergebnisse erzielt werden können. Bei komplexeren Schaltungen ergeben sich aber recht schnell Probleme. So muß derjenige, der die Tests bestimmt, die Funktion und die Arbeitsweise der Schaltung genau kennen. Die gefundenen Testmuster müssen außerdem durch Simulation auf ihre Brauchbarkeit untersucht werden. Ist die Anzahl der damit überprüften Fehler nicht ausreichend, so müssen weitere Testmuster spezifiziert werden.

Die genannten Eigenschaften schränken den Einsatzbereich des funktionellen Testens erheblich ein, da häufig die erforderlichen Detailkenntnisse beim Testingenieur nicht vorhanden sind und deren Erarbeitung sehr aufwendig wäre. Außerdem besitzt dieses Verfahren den Nachteil, daß man keine Algorithmen zur Bestimmung der Tests einsetzen kann und folglich auch keine Automatisierung möglich ist.

3.3.2 Algorithmische Testverfahren

Bei den algorithmischen Testverfahren werden ausgehend von der logischen Beschreibung oder der Schaltungsstruktur Testmuster bestimmt. Als Ausgangsbasis kommen dafür Funktionstabellen, Funktionsgleichungen oder die Beschreibung der Schaltung in einer anderen äquivalenten Form in Frage.

Der einfachste Weg zur Bestimmung von Testmustern besteht im Aufbau einer *Fehlermatrix*. Sie enthält die Ausgangsvektoren für jeden Fehler bei allen Eingangskombinationen. Durch Auswertung dieser Matrix läßt sich feststellen, welche Fehler durch welche Eingangskombination erkannt werden. Damit ist es möglich, eine Menge von Testmustern zu ermitteln, die alle Fehler testet und deren Anzahl von Vektoren minimal ist. Diese Menge wird als *minimale Testmenge* bezeichnet.

Ein anderer Weg, Testmuster zu bestimmen, besteht darin, die Funktionsgleichung einer Schaltung auszuwerten. Zur Unterstützung dieses Schritts können die BOOLEschen Differenzen bestimmter Funktionen gebildet werden, die eine Aussage darüber erlauben, ob eine bestimmte Funktion von einem Eingang abhängt oder nicht. Durch Variation dieses Eingangs und Beobachtung des Ausgangs läßt sich dann das Vorhandensein eines Fehlers feststellen. Die Anwendung dieses Verfahren wird jedoch durch den erheblichen Aufwand zur Berechnung der BOOLEschen Differenzen eingeschränkt.

Eine weitere Gruppe von Verfahren ist dadurch gekennzeichnet, daß versucht wird, Wege so durch eine Schaltung zu finden, daß ein Ausgang nur von einem Eingang abhängt und damit die Knoten, die auf diesem Pfad liegen, getestet werden können. Sie werden unter dem Begiff der *Pfadsensibilisierung* zusammengefaßt. Das grundlegende Verfahren dieser Gruppe ist der *D-Algorithmus*. Auf ihm basierend wurden eine Reihe von effizienteren Algorithmen entwickelt, so z.B. der PODEM-Algorithmus [Roth66, Goel81].

3.3.3 Stochastische Tests

Bei den stochastischen Tests werden die Testmuster nicht mittels eines Algorithmus bestimmt, sondern zufällig erzeugt. Damit kann weder gewährleistet werden, daß alle Fehler erkannt werden, noch ist die verwendete Testmenge minimal. Trotz dieser starken Einschränkungen werden stochastische Testmuster beim Selbsttest hochintegrierter Bausteine eingesetzt.

Dabei steht nicht die Effektivität der Testmuster im Vordergrund, sondern vielmehr die Möglichkeit, Testmuster innerhalb der Schaltung selbst zu erzeugen, um einen Selbsttest durchzuführen. Schaltungstechnisch können Generatoren, die pseudozufällige Testmuster erzeugen, sehr einfach durch ein in bestimmter Weise rückgekoppeltes Schieberegister realisiert werden. Im Kapitel über testbarkeitsverbessernde Maßnahmen werden der Einsatz und die Realisierung solcher Generatoren detailliert erläutert werden.

4 Bestimmung von Testmustern

Das Hauptproblem bei der Erstellung von Tests für komplexe Schaltungen liegt darin, eine Testmenge zu finden, die kleiner ist als die Menge der möglichen Eingangskombinationen. Für die Lösung dieses Problems gibt es eine Reihe von Algorithmen, von denen einige in den folgenden Abschnitten vorgestellt werden sollen.

4.1 Tests und Testmengen

Die Aufgabe des Testens besteht darin, mit Hilfe bestimmter Eingangskombinationen, den sogenannten *Tests* oder *Testmustern*, Fehler am Ausgang sichtbar zu machen. Als *Testmenge* bezeichnet man die Zusammenfassung aller Tests, die einem bestimmten Kriterium, z.B. dem Test auf ständig 0, genügen. Beispiele für spezielle Testmengen sind die *minimale Testmenge* und die *vollständige Testmenge*.

Um diese Begriffe zu erläutern, betrachten wir das einfache Beispiel nach Bild 4.1.

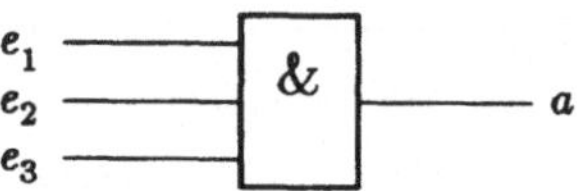

Bild 4.1: UND–Gatter mit drei Eingängen

In dieser Schaltung können acht verschiedene Einzelfehler f_i, $1 \leq i \leq 8$, auftreten. Diese sind dadurch gekennzeichnet, daß jeweils ein Eingang ständig auf '0' (f_1–f_3), jeweils ein Eingang ständig auf '1' (f_4–f_6), der Ausgang ständig auf '0' (f_7) und der Ausgang ständig auf '1' (f_8) liegen. Für diese verschiedenen Fehler läßt sich eine Ausfalltabelle aufstellen. Die Anzahl der Zeilen ist durch die Menge der möglichen Eingangskombinationen festgelegt. Die Anzahl der Spalten entspricht der Anzahl der betrachteten Fehler. Die entstehende Ausfalltabelle oder Ausfallmatrix besitzt im Beispiel die Dimension 8×8 (Tabelle 4.1). Die Spalten der Matrix enthalten den Wert des Ausgangs für die Eingangsmuster bei Vorliegen der entsprechenden Fehler.

Am Anfang der Betrachtung der Ausfallmatrix steht eine triviale Aussage:

> Ein Fehler ist nur dann erkennbar, wenn sich das Fehlverhalten, das er verursacht, am Ausgang beobachten läßt.

Nr.	e_1	e_2	e_3	a	Ausgang bei den Fehlern f_1	f_2	f_3	f_4	f_5	f_6	f_7	f_8
0	0	0	0	0	0	0	0	0	0	0	0	0
1	0	0	1	0	0	0	0	0	0	0	0	1
2	0	1	0	0	0	0	0	0	0	0	0	1
3	0	1	1	0	0	0	0	1	0	0	0	1
4	1	0	0	0	0	0	0	0	0	0	0	1
5	1	0	1	0	0	0	0	0	1	0	0	1
6	1	1	0	0	0	0	0	0	0	1	0	1
7	1	1	1	1	0	0	0	1	1	1	0	1

Tabelle 4.1: Ausfallmatrix des UND–Gatters

(Es wird am Ende dieses Abschnittes gezeigt werden, daß sich nicht jeder Fehler am Ausgang bemerkbar macht.)

Betrachtet man die Ausfallmatrix genauer, so erkennt man, daß einige Spalten übereinstimmen. Das bedeutet, daß einige Fehler, zum Beispiel f_1, f_2, f_3 und f_7, dasselbe fehlerhafte Ausgangsverhalten erzeugen. Diese Fehler lassen sich also nachweisen, doch ist es nicht möglich, aufgrund des Ausgangssignals auf ihre Ursache zu schließen. Fehler dieser Art lassen sich in einer Klasse zusammenfassen. Für die weitere Betrachtung ist es dann ausreichend, nur einen Vertreter dieser Klasse in der Ausfallmatrix zu belassen, z.B. f_1 als Vertreter der Klasse (f_1, f_2, f_3, f_7). In Tabelle 4.2 ist die reduzierte Ausfallmatrix des UND–Gatters angegeben.

Es stellt sich außerdem die Frage, ob es notwendig ist, zur Erkennung sämtlicher Fehler auch alle möglichen Eingangskombinationen anzulegen. Betrachtet man dazu die Kombination Nr. 1, die am Ausgang im fehlerfreien Fall eine '0' erzeugt, so stellt man fest, daß mit diesem Test lediglich der Fehler f_8 nachgewiesen werden kann. Auch die Kombinationen 2 und 4 überprüfen denselben Fehler. Die Kombination 3 dagegen erlaubt es, zwei Fehler zu erkennen, f_4 und f_8. Dieser Test deckt also den Fehler mit ab, der von den ersten drei Kombinationen entdeckt wird. Man kann daher auf diese Tests verzichten.

Betrachtet man nun, welche Fehler von welchen Tests entdeckt werden, so stellt man fest, daß sich mit den Kombinationen 3, 5, 6 und 7 alle Fehler dieses Gatters feststellen lassen.

					Ausgangsverhalten bei				
Nr.	e_1	e_2	e_3	a	f_1	f_4	f_5	f_6	f_8
0	0	0	0	0	0	0	0	0	0
1	0	0	1	0	0	0	0	0	1
2	0	1	0	0	0	0	0	0	1
3	0	1	1	0	0	1	0	0	1
4	1	0	0	0	0	0	0	0	1
5	1	0	1	0	0	0	1	0	1
6	1	1	0	0	0	0	0	1	1
7	1	1	1	1	0	1	1	1	1

Tabelle 4.2: Reduzierte Ausfallmatrix des UND–Gatters

Untersucht man die Funktion weiter, so wird deutlich, daß sich die Anzahl der Testmuster nicht weiter reduzieren läßt. Bei der hier gefundenen Menge von Testmustern handelt es sich um eine *minimale Testmenge.*

Zur algorithmischen Verkleinerung der Ausfallmatrix wurde ein Verfahren entwickelt, das auf dem Vergleich von Spalten und Zeilen beruht. Das Verfahren ist sehr anschaulich, hat aber keine besondere praktische Bedeutung erlangt.

Ein Problem besonderer Art im Rahmen der Bestimmung von Testmustern stellen Redundanzen dar; denn durch sie können Signale wechselseitig überdeckt werden, wodurch ein Auffinden von Fehlern u.U. verhindert wird. Betrachten wir dazu das einfache Beispiel in Bild 4.2.

Die im Bild 4.2 dargestellte Schaltung realisiert die Funktion aus Gleichung 4.1.

$$y = \overline{a} \cdot \overline{a\,c} \cdot \overline{\overline{a}\,b} + b\,c \tag{4.1}$$

Nimmt man in dieser Schaltung an, daß der Knoten d ständig auf '1' liegt und betrachtet das Ausgangsverhalten, so stellt man fest, daß sich das gleiche Verhalten am Ausgang zeigt wie im fehlerfreien Fall. Für diesen Fehler kann man kein Testmuster finden. Die Ursache

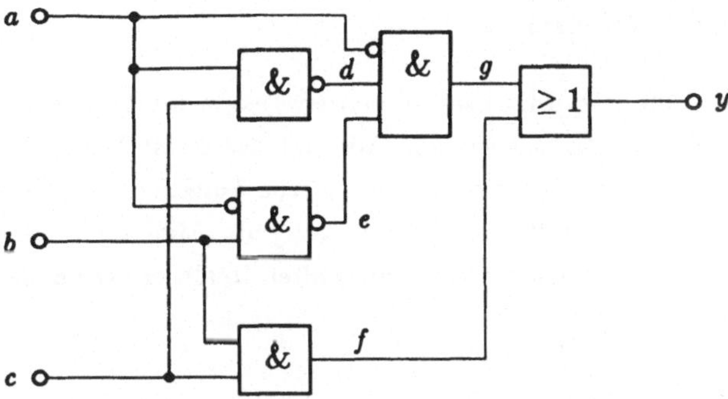

Bild 4.2: Schaltung mit Redundanz

dafür liegt in der Redundanz der Schaltung. Minimisiert man die Funktion, so erhält man Gleichung 4.2.

$$y = \overline{a}\,\overline{b} + b\,c \tag{4.2}$$

Für alle Fehler, die in der Realisierung dieser minimisierten Funktion auftreten, können Testmuster bestimmt werden. Der Nachweis kann durch Aufstellen der Fehlermatrix für diese Schaltung geführt werden.

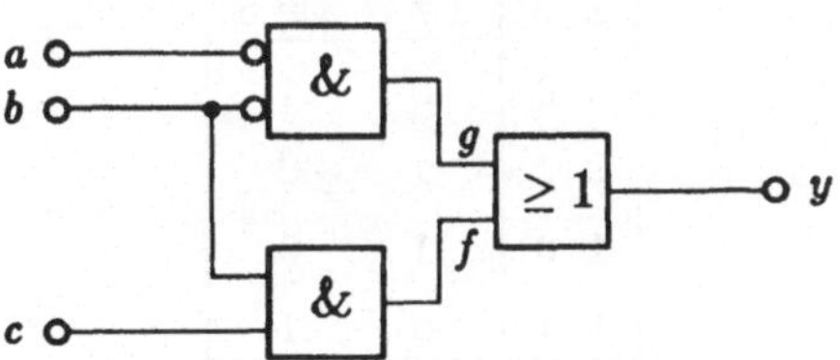

Bild 4.3: Minimisierte Schaltung ohne Redundanz

Durch Redundanzen in einer Schaltung wird also die Testbarkeit reduziert, da Knoten in der Schaltung enthalten sind, die nicht getestet werden können. Damit sinkt die maximal mögliche Fehlerüberdeckung ab und es ist bei komplexen Schaltungen nicht mehr möglich, eine Aussage zu machen, ob eine zu geringe Fehlerüberdeckung durch zu wenige Testmuster oder durch Redundanzen erzeugt wird.

4.2 BOOLEsche Differenzen

Das Verfahren, mit Hilfe BOOLEscher Differenzen Testmuster zu bestimmen, basiert auf der zu realisierenden Funktionsgleichung. Die auf der Basis BOOLEscher Differenzen erstellten Testmuster prüfen daher zwar die logische Funktion auf Korrektheit, hängen aber nicht von der tatsächlich realisierten Schaltung ab. Man kann daher über den Test bestimmter, interner Schaltungsknoten der gewählten Realisierung i.a. keine Aussage machen.

4.2.1 Grundlagen

Mit den beiden Funktionen UND und Antivalenz läßt sich ein System bilden, mit dem man alle anderen Funktionen logischer Variablen ausdrücken kann. Da dieses System die Grundlage der BOOLEschen Differenzen bildet, wird es an dieser Stelle ausführlicher erläutert.

Das Ergebnis einer Äquivalenz-Verknüpfung liefert dann eine logische "1", wenn beide Eingangsvariablen "1" oder beide "0" sind. Die Antivalenz liefert dann den Wert "1", wenn die beiden Eingangsvariablen ungleich sind. In Tabelle 4.3 ist dieser Sachverhalt dargestellt.

a	b	$a \not\equiv b$	$a \equiv b$
0	0	0	1
0	1	1	0
1	0	1	0
1	1	0	1

Tabelle 4.3: Antivalenz und Äquivalenz

Ohne Beweis seien an dieser Stelle die Grundregeln des UND-Antivalenz-Systems angegeben. Eine ausführlichere Herleitung dieser Regeln findet man in [Görke 73].

Durch entsprechende algebraische Umformungen läßt sich zeigen, daß das UND-Antivalenz-System dem UND-ODER-NICHT-System gleichwertig ist. Auf den Beweis wird an

Gesetz	Antivalenz	Konjunktion
Assoziativ	$(a \not\equiv b) \not\equiv c = a \not\equiv (b \not\equiv c)$	$(a\, b)c = a(bc)$
Kommutativ	$a \not\equiv b = b \not\equiv a$	$ab = ba$
Distributiv	$(a \not\equiv b)c = ac \not\equiv bc$	-
Einselement	$a \not\equiv 0 = a$	$a \cdot 1 = a$
Komplement	$a \not\equiv \bar{a} = 1$	$a \cdot \bar{a} = 0$
Nullelement	$a \not\equiv a = 0$	$a \cdot 0 = 0$
Idempotenz	$a \not\equiv a \not\equiv a = a$	$a \cdot a = a$
Dualität	$\overline{a \not\equiv b} = a \not\equiv b \not\equiv 1$	$\overline{ab} = ab \not\equiv 1$
Komplement	$\bar{a} = \overline{a \not\equiv 1} = a \not\equiv 1 \not\equiv 1$	
Gleichwertigkeit	$a + b = a \not\equiv b \not\equiv ab$	

Tabelle 4.4: Gesetze des UND–Antivalenz–Systems [Görke73]

dieser Stelle nicht eingegangen. Für die weitere Betrachtung des Verfahrens der BOOLEschen Differenzen ist dagegen der *Entwicklungssatz*, Gleichung 4.3, von großer Bedeutung:

$$\begin{aligned} f(x_1, x_2, \ldots, x_n) &= x_i \cdot f(x_1, \ldots, x_{i-1}, 1, x_{i+1}, \ldots, x_n) \\ &+ \bar{x}_i \cdot f(x_1, \ldots, x_{i-1}, 0, x_{i+1}, \ldots, x_n) \end{aligned} \tag{4.3}$$

Der Satz besagt, daß sich jede BOOLEsche Funktion nach jeder ihrer unabhängigen Variablen entwickeln läßt, indem man an allen Stellen statt der betreffenden Variablen eine 1 bzw. eine 0 einsetzt und die Konjunktionen mit der Variablen bzw. ihrer Negation disjunktiv verknüpft. Dieser Satz läßt sich auch in das UND–Antivalenz–System übertragen. Unter Berücksichtigung der Gleichwertigkeit erhält der Entwicklungssatz damit die in Gleichung 4.4 angegebene Form:

$$\begin{aligned} f(x_1, x_2, \ldots, x_n) &= x_i \cdot f(x_1, \ldots, x_{i-1}, 1, x_{i+1}, \ldots, x_n) \\ &\not\equiv \bar{x}_i \cdot f(x_1, \ldots, x_{i-1}, 0, x_{i+1}, \ldots, x_n) \end{aligned} \tag{4.4}$$

Das Ziel der Testbestimmung ist es, die Änderung eines Eingangssignals an einem Ausgang beobachtbar zu machen. Dazu müssen die Belegungen der anderen Eingänge so bestimmt werden, daß dies möglich ist. Kann man eine Funktion der anderen Eingangsvariablen finden, die nicht von dem zu testenden Eingang abhängt, so kann man die Änderungen dieses Eingangs am Ausgang beobachten.

Die BOOLEsche Differenz einer Funktion y nach einer Variablen x_i ist wie folgt definiert:

$$f_{x_i} = f_{|x_i=0} \quad \not\equiv \quad f_{|x_i=1} \tag{4.5}$$

Gleichung 4.5 besagt, daß jeweils die Antivalenz der beiden Funktionen gebildet wird, die entstehen, wenn erst die zu prüfende Variable auf '1', danach auf '0' gesetzt wird. Da für die Variable ein fester Wert ('0' bzw. '1') eingesetzt wird, enthält die Antivalenz diese Variable nicht mehr. Sie ist von ihr unabhängig.

Die BOOLEsche Differenz kann nach jeder Eingangsvariablen gebildet werden. Sie liefert alle möglichen Eingangsbelegungen, bei denen der Ausgang nur von der Variablen x_i abhängt. Die folgenden Sätze werden ohne Beweis angegeben:

- Jede Funktion f und ihr Komplement führen zur gleichen BOOLEschen Differenz.

- Ist die Funktion f nicht von der Variablen x_i abhängig, so wird die BOOLEsche Differenz zu Null. Die Variable ist damit über diesen Ausgang nicht prüfbar. Umgekehrt gilt natürlich auch, daß eine Änderung der Eingangsvariablen nur dann am Ausgang feststellbar ist, wenn die BOOLEsche Differenz nicht zu Null wird.

- Hängt die Funktion f nur von der Variablen x_i ab, so wird die BOOLEsche Differenz zu '1'.

- BOOLEsche Differenzen lassen sich nach mehreren Variablen bilden, sowohl gleichzeitig als auch nacheinander. Wegen der Kommutativität spielt die Reihenfolge keine Rolle.

$$y_{x_i x_j} = y_{x_j x_i} \tag{4.6}$$

Nach dieser mehr formalen Einleitung kommen wir nun zur Anwendung der BOOLEschen Differenzen zur Testmusterberechnung.

4.2.2 Testmusterberechnung

Der Vorteil des Verfahrens der BOOLEschen Differenzen liegt darin, daß zur Bestimmung der Tests lediglich die Funktionsgleichung benötigt wird. Das Verfahren ist damit von der technischen Realisierung der Funktion unabhängig.

Um eine Variable testen zu können, muß man, wie schon gesagt, die anderen Variablen so belegen, daß die zu testende Variable an einem Ausgang beobachtet werden kann. Man bestimmt dafür die BOOLEsche Differenz nach der entsprechenden Variablen x_i und erhält so eine Funktion, die nicht mehr von x_i abhängt.

Wird die so gebildete BOOLEsche Differenz zu '1', so hängt der Ausgang von der betreffenden Variablen ab, und diese kann mit Hilfe der zugehörigen Kombinationen getestet werden.

Für die Variable x_i werden nun nacheinander die Werte '0' bzw. '1' eingesetzt, so daß ein *Testpaar* entsteht, mit dem die Variable auf 'ständig–1' bzw. 'ständig–0' getestet werden kann.

Um die Vorgehensweise zu erläutern, folgt an dieser Stelle ein Beispiel:

Gegeben ist die Funktion

$$f = (a + \bar{b})\ (\bar{b} + c) \tag{4.7}$$

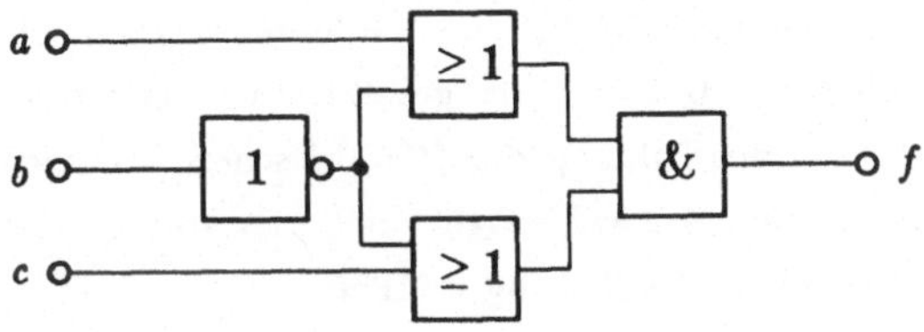

Bild 4.4: Schaltung zum Beispiel

Die disjunktive Form der gegebenen Gleichung lautet:

$$f = \bar{b} + ac \tag{4.8}$$

Für diese Gleichung werden nun die BOOLEschen Differenzen nach den drei Eingängen gebildet:

$$\begin{aligned}
f_a &= (\bar{b} + c) \not\equiv \bar{b} \\
&= \bar{b} \not\equiv c \not\equiv \bar{b}c \not\equiv \bar{b} = c \not\equiv \bar{b}c \not\equiv \underbrace{\bar{b} \not\equiv \bar{b}}_{=0} \\
&= c \not\equiv \bar{b}c \not\equiv 0 = c \not\equiv \bar{b}c = c\underbrace{(1 \not\equiv \bar{b})}_{=b} \\
&= b\,c \\
f_b &= (1 + a\,c) \not\equiv (0 + a\,c) \\
&= 1 \not\equiv a\,c = \overline{a\,c} \\
&= \bar{a} + \bar{c} \\
f_c &= (\bar{b} + a) \not\equiv \bar{b} = a \not\equiv \bar{b} \not\equiv a\bar{b} \not\equiv \bar{b} \\
&= a \not\equiv a\bar{b} = a\underbrace{(1 \not\equiv \bar{b})}_{=b} = a\,b
\end{aligned} \tag{4.9}$$

Wie schon gesagt, muß die BOOLEsche Differenz zu '1' werden, damit die entsprechende Variable testbar wird. Daraus ergibt sich, daß für die Prüfung von a die Variablen b und c in f_a zu '1' werden müssen, damit a getestet werden kann. Setzt man für a jetzt eine '0' ein, so wird auf 'ständig–1' getestet und für $a = 1$ auf 'ständig–0'. Betrachtet man den Wert der Eingangsvariablen als Binärzahl, und verwendet diese als Index für die Tests t_i, so ergibt sich das Testpaar t_7 und t_6.

Entsprechend werden bei den BOOLEschen Differenzen, die nach den Variablen b und c gebildet werden, ebenfalls '0' bzw. '1' eingesetzt, um diese Variablen zu testen. Durch die Disjunktion, die bei der Bildung der BOOLEschen Differenz nach der Variablen b entsteht, ergibt sich eine Auswahlmöglichkeit. Es können drei Testpaare gebildet werden, welche die gegebene Bedingung erfüllen.

Die Wahlmöglichkeit kann dazu benutzt werden, eine minimale Testmenge zu bilden. Es ergibt sich die Testmenge M als minimale Testmenge, wie in Gleichung 4.10 angegeben.

$$M = \{t_1, t_3, t_6, t_7\} \tag{4.10}$$

	c b a	0	1
a	1 1 –	t_7	t_6
b	0 – 0	t_2	t_0
	0 – 1	t_3	t_1
	1 – 0	t_6	t_4
c	– 1 1	t_7	t_3

Tabelle 4.5: Bestimmung der Testpaare

4.3 Kritische Signalwege

Das Problem des Tests einer Schaltung kann auch so betrachtet werden, daß man versucht, durch die Schaltung Wege zu finden, durch welche die Änderung eines Eingangsignals in Form einer Signaländerung an einem Ausgang beobachtet werden kann. Einen solchen Pfad nennt man einen kritischen Signalweg (*engl. sensitized path*). Mit einem Test, welcher die Variablen so belegt, daß die Bedingungen für einen kritischen Signalweg erfüllt sind, werden die Knoten, die im fehlerfreien Fall '0' sind, auf 'ständig–1' getestet und alle Knoten, die auf '1' liegen sollen, auf 'ständig–0'.

Die Bildung kritischer Signalwege besteht nun darin, die internen Knoten und die Eingangsvariablen so zu belegen, daß ein bestimmter Pfad sensibilisiert werden kann.

Zunächst einmal sollen an einem Beispiel das prinzipielle Vorgehen und die dabei auftretenden Probleme aufgezeigt werden. In den folgenden Abschnitten werden dann Algorithmen vorgestellt, die eine Testmustererzeugung durchführen.

Beispiel:

Betrachtet werden soll dazu die in Bild 4.5 angegebene Schaltung:

Die Pfadsuche beginnt beim Knoten a. Da es sich bei diesem Knoten um einen primären Eingang handelt, braucht nur der Weg zu einem Ausgang bestimmt werden. Getestet werden soll zunächst der Fehler "a ständig '0'", d.h. a muß mit '1' belegt werden. Damit der Fehler am Ausgang des ODER–Gatters (Knoten g) beobachtet werden kann, muß b zu '0' werden. Damit ergeben sich für die Variablen folgende

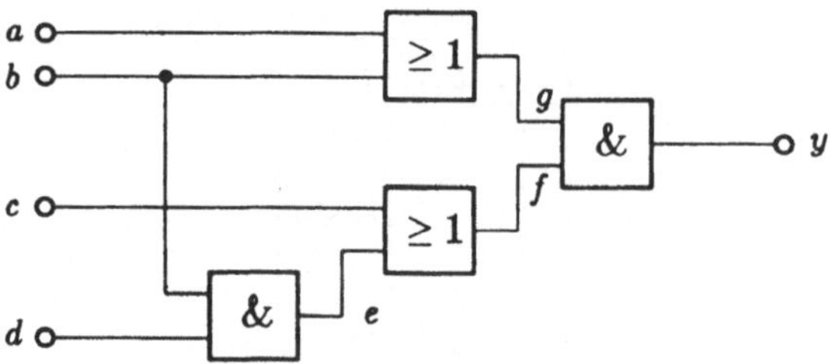

Bild 4.5: Beispiel zur Pfadsensibilisierung

Werte:

a	b	c	d	e	f	g	y
1	0						

Um die Auswirkung am Ausgang y sichtbar zu machen, muß als nächstes f zu '1' werden. Damit ergibt sich die Variablenbelegung zu :

a	b	c	d	e	f	g	y
1	0				1		

Damit f zu '1' wird, ist es hinreichend, wenn c '1' ist. Die Knoten d und e bleiben unbestimmt, d.h. sie können beliebige Werte annehmen, da der Pfad bereits durch die gefundenen Belegungen vollständig sensibilisiert wurde. Die beliebige Belegung eines Knotens wird durch x kenntlich gemacht. Die endgültige Belegung ergibt sich damit zu:

a	b	c	d	e	f	g	y
1	0	1	x	x	1		

Setzt man in diesem Beispiel dagegen die Variable e auf '1', so ergibt sich daraus die Forderung, daß wegen des UND–Gatters d und b zu '1' werden müssen. Dies widerspricht der zu Beginn getroffenen Vereinbarung, daß $b = 0$ ist. Die Belegung der Variablen bei der Rückverfolgung kann also zu Widersprüchen führen, bei denen dann versucht wird, durch eine andere Wahl der Variablenbelegung einen anderen Weg zu finden.

Zur Bildung einer vollständigen Testmenge wird für jeden Knoten einer Schaltung ein kritischer Pfad erzeugt. Um das Verfahren zu beschleunigen, kann man auch jeden Knoten, der auf dem Pfad liegt, aus der Liste derjenigen Knoten streichen, für die noch ein Test zu bestimmen ist. Die mit diesem Verfahren ermittelte Testmenge ist kleiner als die

Testmenge, die man bei der Testbestimmung für jeden Knoten erhält, aber nicht notwendigerweise eine minimale Testmenge Diese läßt sich nur dadurch ermitteln, daß die Tests für jeden Knoten und die dabei mitgetesteten Knoten bestimmt und die so gefundenen Tests miteinander kombiniert werden, bis ein Minimum gefunden ist.

4.4 Der *D*–Algorithmus

Der *D*–Algorithmus ist das grundlegende Verfahren zur Bestimmung von Tests, das von dem Gedanken der kritischen Pfade ausgeht [Roth66], [RotBou67]. Mit Hilfe des *D*–Algorithmus ist es möglich, für alle Fehler einer kombinatorischen Schaltung Testmuster zu bestimmen, sofern überhaupt Testmuster existieren.

Zur Kennzeichnung der fehlerleitenden Eigenschaften der Schaltung wird eine 5–wertige Logik eingeführt, welche die Markierung kritischer Pfade ermöglicht. Für jeden Knoten werden die beiden Fehler ('ständig–0', 'ständig–1') angenommen, ein kritischer Pfad bestimmt und die für die Sensibilisierung dieses Pfades notwendigen Eingangsbelegungen ermittelt.

4.4.1 Die 5–wertige Logik

Außer den gewohnten Werten '0' und '1' verwendet der *D*–Algorithmus drei weitere Werte, um die Eigenschaften der Knoten bei der Testmustererzeugung zu kennzeichnen.

'0' – gewohnte BOOLEsche '0'

'1' – gewohnte BOOLEsche '1'

'X' – undefiniert – Der Zustand des Knotens ist unbekannt oder nicht relevant.

'D' – Der Knoten hat im fehlerfreien Fall den Wert '1', im Fehlerfall den Wert '0'.

'$\overline{D}$' – Dualer Wert zu D: Der Knoten hat im fehlerfreien Fall den Wert '0', im Fehlerfall den Wert '1'.

Die Abkürzung D leitet sich ursprünglich von *don't care* ab, d.h. der freien Festlegung des Wertes einer logischen Variablen. Diese Bezeichnung ist aber nicht ganz korrekt, da der Wert von D zwar zunächst frei wählbar ist, diese Festlegung dann aber innerhalb eines gesamten Ausdrucks gültig ist. $\overline{D}$ erhält mit der Zuweisung eines Wertes an D den dualen Wert von D.

Wendet man diese 5-wertige Logik auf ein UND-Gatter an, so ergeben sich die folgenden Möglichkeiten für sein Verhalten:

1. Beide Eingänge sind '0'.

   Diese Kombination bewirkt eine '0' am Ausgang.

   $$0 \cdot 0 = 0$$

2. Ein Eingang ist '0'.

   Der Ausgang wird ebenfalls zu '0'. Da bereits eine '0' am Eingang eines UND-Gatters den Ausgangswert festlegt, bezeichnet man die '0' als den *steuernden Wert* des UND-Gatters. Auch alle anderen Kombinationen, die eine '0' enthalten, bewirken eine '0' am Ausgang.

   $$1 \cdot 0 = 0 \qquad X \cdot 0 = 0 \qquad D \cdot 0 = 0 \qquad \overline{D} \cdot 0 = 0$$
   $$0 \cdot 1 = 0 \qquad 0 \cdot X = 0 \qquad 0 \cdot D = 0 \qquad 0 \cdot \overline{D} = 0$$

3. Beide Eingänge sind '1'.

   Der Ausgang nimmt den Wert '1' an. Diese Kombination stellt die einzige Möglichkeit dar, eine '1' zu erzeugen. Der logische Wert '1' wird deshalb als *nicht steuernder* Wert des UND-Gatters bezeichnet.

   $$1 \cdot 1 = 1$$

4. Ein Eingang ist '1', der andere 'X'.

   Der Ausgangswert ist ebenfalls undefiniert, da die '1' allein den Ausgang nicht setzen kann. Der andere Eingang wird mit der '1' auf den Ausgang durchgeschaltet.

   $$1 \cdot X = X$$
   $$X \cdot 1 = X$$

5. Ein Eingang ist '1', der andere 'D'.

   Ist ein Eingang '1', so wird der andere Eingang, in diesem Fall 'D' durchgeschaltet. Ein Fehler, der am D–Eingang beobachtet werden kann, kann auch am Ausgang beobachtet werden. Das Gatter wird damit *fehlerleitend.* Die gleiche Aussage gilt analog für $\overline{D}$.

$$1 \cdot D = D \qquad 1 \cdot \overline{D} = \overline{D}$$
$$D \cdot 1 = D \qquad \overline{D} \cdot 1 = \overline{D}$$

6. Ein Eingang ist 'D', der andere 'X'.

   Der Ausgang hat zunächst einen undefinierten Wert, also 'X'. Man nennt diese Belegung *aktiv*, da die Eigenschaften des Gatters bezüglich der Fehlerleitung noch nicht festgelegt sind.

$$X \cdot D = X \qquad X \cdot \overline{D} = X$$
$$D \cdot X = X \qquad \overline{D} \cdot X = X$$

7. Ein Eingang ist 'D', der andere '$\overline{D}$'.

   Der Ausgang wird zu '0', da in jedem Fall ein Eingang '0' ist. Diese Kombination kann nur dann auftreten, wenn eine Schaltung Rekonvergenzen enthält. Das sind Verzweigungen von Signalwegen, die wieder zusammenlaufen. In Bild 4.6 ist ein Beispiel dafür dargestellt.

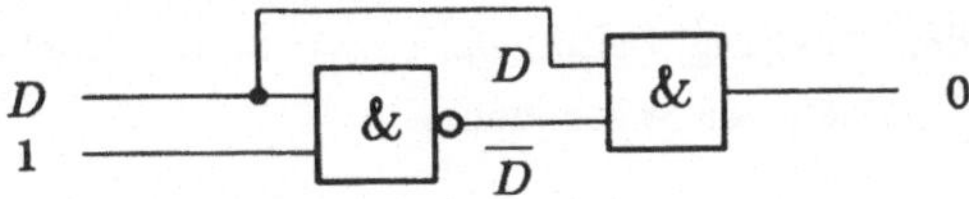

Bild 4.6: Schaltung mit Rekonvergenz

Die negativen Rekonvergenzen führen dazu, daß sich Signale auslöschen können, also Pfade entstehen, die sich nicht beobachten lassen.

$$D \cdot \overline{D} = 0$$

Damit ist das Verhalten eines UND–Gatters mit 2 Eingängen auf der Grundlage einer fünfwertigen Logik vollständig beschrieben. Um bei der Berechnung der Testmuster nicht ständig die Eigenschaften der Gatter bei der gerade anliegenden Kombination neu bestimmen zu müssen, werden bestimmte Belegungen zusammengefaßt bzw. definiert und in Tabellen abgelegt.

Die zu Beginn der Testmusterbestimmung interessierenden Belegungen sind die *fehlerinjizierenden Belegungen*, mit denen eine Leitung definiert auf D bzw. $\overline{D}$ gesetzt werden kann, ohne zunächst eine Aussage darüber zu machen, wie diese Eingangswerte zustande kommen.

Eine fehlerinjizierende Belegung gibt an, welche Belegungen ein Gatter haben muß, um ein D bzw. $\overline{D}$ auf einer betrachteten Leitung zu erzeugen. Für ein UND-Gatter mit den Eingängen a und b und dem Ausgang y ergeben sich die injizierenden Belegungen gemäß Tabelle 4.6.

a	b	y
0	X	$\overline{D}$
X	0	$\overline{D}$
1	1	D

Tabelle 4.6: Fehlerinjizierende Belegungen eines UND-Gatters

Die *aktiven D-Belegungen* sind Eingangskombinationen, bei denen noch nicht festgelegt ist, ob D bzw. $\overline{D}$ an den Ausgang weitergeleitet wird. In Tabelle 4.7 sind die *aktiven D-Belegungen* für ein UND-Gatter angegeben.

a	b	y
X	D	X
D	X	X
X	$\overline{D}$	X
$\overline{D}$	X	X

Tabelle 4.7: Aktive D-Belegungen eines UND-Gatters

Die *fehlerleitenden D–Belegungen* ergeben sich aus den aktiven Belegungen, indem die unbestimmten Eingänge so mit '0', '1', 'D' oder $\overline{D}$ belegt werden, daß der Ausgang zu D oder $\overline{D}$ wird. Auf diese Weise wird festgelegt, durch welche Belegungen ein Fehler an einem Eingang am Ausgang sichtbar gemacht werden kann. In Tabelle 4.8 sind die fehlerleitenden *D–Belegungen* für ein UND-Gatter angegeben.

a	b	y
1	D	D
D	1	D
1	$\overline{D}$	D
$\overline{D}$	1	D
D	D	D
$\overline{D}$	$\overline{D}$	$\overline{D}$

Tabelle 4.8: Fehlerleitende D–Belegungen für ein UND–Gatter

Für eine kompaktere Darstellung der Wahrheitstabelle lassen sich sogenannte *singuläre Überdeckungen* bilden. Dazu wird die Wahrheitstabelle entsprechend dem Ausgangswert in eine '1'–Gruppe und eine '0'–Gruppe aufgeteilt. Innerhalb einer Gruppe können Zeilen der Wahrheitstabelle zusammengefaßt werden, wenn sie sich in genau einer Spalte unterscheiden. Dort wird anstelle des '0' oder '1' Eingangswertes ein 'X' gesetzt. Diese Vereinfachung wird solange fortgesetzt, bis keine weiteren Zeilen mehr zusammengefaßt werden können. Man erhält so die Primterme der beiden Gruppen.

a	b	y
0	0	0
0	1	0
1	0	0
1	1	1

a	b	y	
0	X	0	'0'–Gruppe
X	0	0	
1	1	1	'1'–Gruppe

Tabelle 4.9: Wahrheitstabelle und singuläre Überdeckungen eines UND–Gatters

In Tabelle 4.9 ist die Wahrheitstabelle eines UND-Gatters zusammen mit den singulären Überdeckungen angegeben.

In der Literatur wird teilweise neben den genannten Bezeichnungen auch noch der Begriff des D–Implikanten eingeführt. Es handelt sich dabei um eine andere Bezeichnung für die fehlerleitenden D–Belegungen.

In Tabelle 4.10 sind die oben genannten Überdeckungen und Belegungen für die elementaren Gatter mit zwei Eingängen aufgeführt. Die Eingänge führen jeweils die Bezeichnung 1, 2, bzw. 1 beim Inverter; der Ausgang ist jeweils mit 3 bezeichnet.

Gatter	singuläre Überdeckungen			injizierende Belegungen			fehlerleitende D-Belegungen*			aktive D-Belegungen		
	1	2	3	1	2	3	1	2	3	1	2	3
UND	0	X	0	0	X	$\overline{D}$	1	D	D	X	D	X
	X	0	0	X	0	$\overline{D}$	D	1	D	D	X	X
	1	1	1	1	1	D	1	$\overline{D}$	$\overline{D}$	X	$\overline{D}$	X
							$\overline{D}$	1	$\overline{D}$	$\overline{D}$	X	X
							D	D	D			
							$\overline{D}$	$\overline{D}$	$\overline{D}$			
ODER	1	X	1	1	X	D	0	D	D	X	D	X
	X	1	1	X	1	D	D	0	D	D	X	X
	0	0	0	0	0	$\overline{D}$	0	$\overline{D}$	$\overline{D}$	X	$\overline{D}$	X
							$\overline{D}$	0	$\overline{D}$	$\overline{D}$	X	X
							D	D	D			
							$\overline{D}$	$\overline{D}$	$\overline{D}$			
NAND	0	X	1	0	X	D	1	D	$\overline{D}$	X	D	X
	X	0	1	X	0	D	D	1	$\overline{D}$	D	X	X
	1	1	0	1	1	$\overline{D}$	1	$\overline{D}$	D	X	$\overline{D}$	X
							$\overline{D}$	1	D	$\overline{D}$	X	X
							D	D	$\overline{D}$			
							$\overline{D}$	$\overline{D}$	D			
NOR	1	X	0	1	X	$\overline{D}$	0	D	$\overline{D}$	X	D	X
	X	1	0	X	1	$\overline{D}$	D	0	$\overline{D}$	D	X	X
	0	0	1	0	0	D	0	$\overline{D}$	D	X	$\overline{D}$	X
							$\overline{D}$	0	D	$\overline{D}$	X	X
							D	D	$\overline{D}$			
							$\overline{D}$	$\overline{D}$	D			
XOR	0	0	0	0	0	$\overline{D}$	0	D	D	X	D	X
	0	1	1	0	1	D	D	0	D	D	X	X
	1	0	1	1	0	D	0	$\overline{D}$	$\overline{D}$	X	$\overline{D}$	X
	1	1	0	1	1	$\overline{D}$	$\overline{D}$	0	$\overline{D}$	$\overline{D}$	X	X
							1	D	$\overline{D}$			
							D	1	$\overline{D}$			
							1	$\overline{D}$	D			
							$\overline{D}$	1	D			
INV	1	–	0	1	–	$\overline{D}$	D	–	$\overline{D}$	keine		
	0	–	1	0	–	D	$\overline{D}$	–	D			

* Enthält alle fehlerleitenden D-Belegungen, auch die dualen Belegungen

Tabelle 4.10: Überdeckungen und Belegungen der elementaren Gatter

4.4.2 Beschreibung des D–Algorithmus

Der D–Algorithmus erzeugt in seiner ursprünglichen Form für jeden möglichen Haftfehler einer Schaltung ein Testmuster, bei n Knoten also $2 \cdot n$ Testmuster. Dabei werden für jeden Fehler die folgenden Schritte durchlaufen:

1. Es wird auf der betrachteten Leitung ein Wert erzeugt, der dem angenommenen Haftfehler entgegengesetzt ist. Das bedeutet, daß z.B. für einen s–0 Fehler die zugehörige Leitung auf '1' gesetzt werden muß, um den Fehler beobachten zu können. Diese Forderung wird durch die zugehörige fehlerinjizierende Belegung erfüllt.

   Kann diese Forderung nur von genau einer Belegung erfüllt werden, so spricht man von einer *Implikation*. Diese eindeutige Belegung wird gesetzt und geprüft, ob sich dadurch weitere Implikationen zu den primären Eingängen hin (Rückwärtsimplikationen) ergeben. Werden primäre Eingänge oder Gattereingänge erreicht, die keine eindeutige Belegung erfordern, so wird der Vorgang an dieser Stelle abgebrochen. Die bis dahin undefinierten Eingangsbelegungen werden gesammelt, um ihnen später feste Werte zuzuordnen.

   Durch die Injektion eines Fehlers entstehen gleichzeitig in Vorwärtsrichtung, d.h. zu den primären Ausgängen hin fehlerkritische Werte D bzw. $\overline{D}$. Diese führen an mindestens einem der nachfolgenden Gatter zu einer aktiven Belegung. Alle Gatter mit aktivem Ausgang werden in die sog. *D–Front* aufgenommen, die folglich alle Gatter enthält, die dazu verwendet werden können, um den Fehler fortzupflanzen.

2. Im zweiten Schritt wird ein kritischer Pfad bis zu einem primären Ausgang bestimmt. Dazu wählt der D–Algorithmus ein Gatter der D–Front aus und ergänzt seine Eingangsbelegung so, daß eine fehlerleitende D–Belegung entsteht. Das so bearbeitete Gatter gehört danach nicht mehr zur D–Front.

   Diese Eingangsbelegungen implizieren weitere Belegungen. Durch *Implikationsoperationen* werden diese Belegungen weiter, wie bereits oben beschrieben, in Richtung auf die primären Eingänge und Ausgänge hin verfolgt. Dabei wird die Liste der undefinierten Eingangsbelegungen ständig aktualisiert.

   In der gleichen Weise werden weitere Gatter der D–Front aktiviert, bis ein kritischer Pfad zu einem primären Ausgang gelegt ist.

3. Nach der Festlegung eines kritischen Pfades vom Fehlerort bis zu einem Ausgang

können Belegungen noch undefiniert bleiben. Diese werden nun durch *Konsistenzoperationen* bestimmt.

Dabei wird zunächst das am weitesten (im Sinne der Schaltungtiefe) von den primären Eingängen entfernte Gatter mit undefinierten Belegungen ermittelt. An diesem wird eine der noch möglichen Belegungen gesetzt. Mit dieser wird die Implikationsoperation gestartet, die nun versucht, die erforderlichen Werte bis zu den primären Eingängen fortzupflanzen. Sind alle undefinierten Belegungen durch geeignete Werte an den primären Eingängen gesetzt, so ist das Testmuster bestimmt.

Kommt es bei diesem Vorgehen zu einem Widerspruch (Inkonsistenz), so müssen alle bisher durch die Implikationsoperation durchgeführten Setzungen rückgängig gemacht werden. Es ist dann eine andere der möglichen Belegungen zu wählen. Mit dieser Festlegung wird die Implikationsoperation erneut gestartet. Läßt sich kein Testmuster bestimmen, so kehrt man wieder zu Schritt 2 zurück, wählt ein anderes Gatter der D–Front als Startpunkt für den kritischen Pfad aus und fährt dann mit Schritt 3 fort. Führen alle möglichen Belegungen der Gatter der D–Front zu Widersprüchen, so muß eine andere fehlerinjizierende Belegung im ersten Schritt ausgewählt werden. Sind schließlich keine Alternativen mehr möglich, so ist der Fehler nicht testbar. Man bezeichnet diesen Vorgang zur Auflösung von Widersprüchen auch als Backtracking.

4.4.3 Die Implikationsoperation

Die Implikationsoperation, die bei allen Schritten des D–Algorithmus benötigt wird, hat mehrere Aufgaben zu erfüllen:

1. Rückwärtsimplikationen erkennen und ausführen
2. Vorwärtsimplikationen erkennen und ausführen
3. Aktualisierung der Liste der undefinierten Belegungen
4. Korrekturen in der D–Front beachten
5. Retten der aktuellen Belegungen bei jeder Operation, um bei einem Widerspruch die alten Belegungen wiederherstellen zu können.

Die Implikationsoperation wird vom D–Algorithmus aufgerufen, wenn bestimmte Gattereingänge auf einen festen Wert gesetzt werden sollen. Die Rückwärtsimplikation prüft daraufhin die Situation des jeweils davorliegenden Gatters. Das folgende Beispiel zeigt das Wechselspiel zwischen Vorwärts- und Rückwärtsimplikation.

Beispiel zur Implikationsoperation

Der D-Algorithmus erkennt Gatter G_6 in Bild 4.7 als aktiv und erzeugt durch Belegung von m mit '0' einen kritischen Pfad zum Ausgang d. Diese Belegung am Ausgang des NAND-Gatters G_4 bewirkt, daß auch ($h = 1$, $k = 1$) rückwärts impliziert werden. ($h = 1$) führt zur Rückwärtsimplikation ($a = 1$, $f = 1$) am UND-Gatter G_1, womit auch ($b = 1$) impliziert wird. b speist eine Verzweigung, so daß ($g = 1$) für eine Vorwärtsprüfung vorzusehen ist.

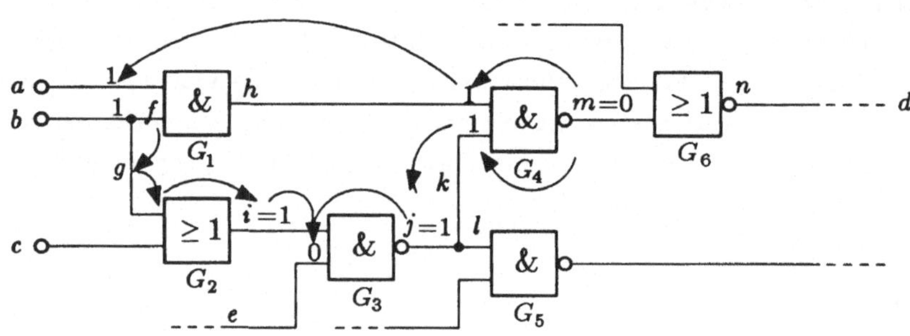

Bild 4.7: Vorwärts- und Rückwärtsimplikation

Zunächst aber wird ($k = 1$) bearbeitet, wodurch ($j = 1$) gesetzt wird und aufgrund der Verzweigung ($l = 1$) zur Vorwärtsprüfung vorgesehen wird. ($j = 1$) am Gatter G_3 führt vorerst zu keiner Implikation und wird als undefiniert in die Liste eingetragen. Damit stehen keine weiteren Rückwärtsprüfungen an, so daß Vorwärtsprüfung gestartet werden kann.

Der Eingang ($g = 1$) am OR-Gatter G_2 führt zu ($i = 1$). ($l = 1$) am Gatter G_5 bewirkt keine Implikation. Am NAND-Gatter G_3 führt ($i = 1$) im Zusammenwirken mit ($j = 1$) zu der Implikation ($e = 0$). Mit der Belegung ($e = 0$) ist wieder eine Rückwärtsprüfung verbunden, die je nach angeschlossenem Gatter zu weiteren Implikationen oder zu einem Eintrag in die Liste der undefinierten Belegungen führt.

Natürlich ist die Belegung ($j = 1$) am Ausgang des Gatters G_3 jetzt definiert, so daß dieser Eintrag aus der Liste der undefinierten Gatter wieder zu entfernen ist.

Wie an diesem kleinen Beispiel zu erkennen ist, ist der Ablauf des Algorithmus in der Praxis sehr komplex und in einer verbalen Beschreibung nur ausschnittweise wiederzugeben. Für eine ausführlichere Darstellung sei auf die bereits genannten Originalarbeiten verwiesen.

4.5 Der PODEM–Algorithmus

Obwohl durch den D–Algorithmus das Problem der Testmusterberechnung für kombinatorische Schaltungen als gelöst angesehen werden kann, ergeben sich Effizienzprobleme insbesondere bei Schaltungen mit Antivalenzen und rekonvergierenden Verzweigungen. Für derartige Schaltungen wurde der PODEM–Algorithmus (path oriented decision making) entwickelt, der sich jedoch auch allgemein bei kombinatorischen Schaltungen als gut einsetzbar erwiesen hat [Goel 81].

Der PODEM–Algorithmus setzt an einem Punkt an, der beim D–Algorithmus besonders kritisch ist, nämlich der Behandlung inkonsistenter Belegungen, die zur Annullierung einer Zuweisung an einem zurückliegenden Entscheidungspunkt führt (Backtracking). Dadurch, daß der D–Algorithmus die Zuweisung von Werten an beliebige Knoten erlaubt, kann diese Annullierung jedes Gatter betreffen. Demgegenüber beschränkt der PODEM–Algorithmus die Wertzuweisung ausschließlich auf primäre Eingänge, so daß sich auch das Backtracking nur auf diese beziehen kann.

Das bedeutet, daß sowohl die Fehlerinjektion als auch die Fehlerleitung ausschließlich durch die Belegung primärer Eingänge und die Ausführung von Implikationsoperationen durchgeführt werden. Die Fehlerinjektion erfolgt in PODEM durch eine sogenannte Backtrace–Prozedur, die einen Pfad vom Fehlerort zu einem primären Eingang festlegt. Dabei wird heuristisch vorgegangen, indem bei *steuernden* Eingängen eines Gatters derjenige ausgewählt wird, der am leichtesten einzustellen ist, bei *nicht steuernden* Eingängen hingegen derjenige, der am schwersten einzustellen ist, um so möglichst frühzeitig Schwierigkeiten bei der Belegung aufzudecken. (Zur Beantwortung der Frage, durch welche Größen unterschiedliche Schwierigkeiten bei der Einstellung eines Pfades auf einen bestimmten Wert ausgedrückt werden können, sind Signalwahrscheinlichkeiten und Testbarkeitsmaße geeignet.)

An einem einfachen Beispiel, Bild 4.8, das zur Illustration des D–Algorithmus in [RotBou67] herangezogen wurde, soll die Arbeitsweise von PODEM erläutert werden.

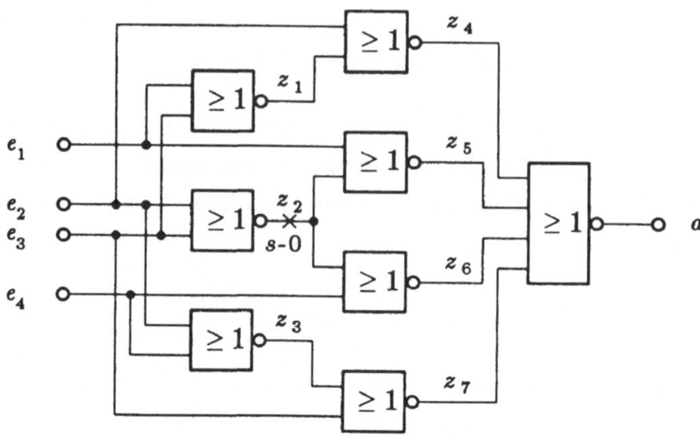

Bild 4.8: Beispiel zu PODEM nach [RotBou67]

Für die Prüfung der Zwischenvariablen z_2 auf ständig–0 (s–0), ist am Fehlerort der Wert D zu erzeugen. Die Anwendung der Backtrace–Prozedur liefert zunächst $e_2 = 0$ und $e_3 = 0$. Dadurch wird $z_2 = D$ impliziert. Die Weiterleitung des Fehlers kann durch z_5 oder z_6 erfolgen. Backtracing führt auf $e_1 = 0$ und damit wird $z_5 = \overline{D}$. Durch die Ausführung aller Implikationen der bisherigen Eingangsbelegungen ergibt sich $z_1 = 1$ und $z_4 = 0$. Für die weitere Leitung des Fehlers gibt es nur den Weg über das Gatter am Ausgang. Dafür liefert die Backtrace–Prozedur $e_4 = 1$. Diese Festlegung impliziert $z_6 = 0$ und $z_7 = 1$ und a = 0, d.h. der Fehler kann durch diese Eingangsbelegung nicht zum Ausgang weitergeleitet werden. In einem solchen Fall findet ein Backtrack statt und zwar zu dem Eingangsknoten, der zuletzt gesetzt wurde, im Beispiel e_4. Dieser Knoten wird neu gesetzt zu $e_4 = 0$. Die Implikationsoperationen dieser Belegung führen auf $z_1 = z_3 = 1, z_2 = D, z_4 = z_7 = 0, z_5 = z_6 = \overline{D}, a = D$ und damit zur Erkennung des Fehlers am Ausgang.

4.6 Weitere Verfahren

Im Rahmen der Berechnung von Testmustern mit Hilfe von PODEM- oder D–Algorithmus werden an verschiedenen Punkten Entscheidungen getroffen, die sich u.U. im weiteren Verlauf des Algorithmus als falsch erweisen. Es ist dann an den Entscheidungspunkt zurückzukehren, der alte Zustand wiederherzustellen und eine Alternative zu wählen. Es handelt sich dabei um den schon erwähnten Vorgang des Backtracking.

Wie schon bei der Beschreibung von PODEM erwähnt, hat bei diesem Algorithmus ein Backtrack immer die Konsequenz, daß primäre Eingänge anders zu setzen sind. Beim D–Algorithmus können davon jedoch auch Belegungen innerhalb der Schaltung betroffen sein. In beiden Fällen werden Entscheidungsbäume aufgebaut, die rückverfolgt werden müssen. Optimierungsbestrebungen können unter diesen Voraussetzungen vor allem zwei Zielsetzungen haben:

1. Reduzierung der Anzahl der Backtracks
2. Verringerung des Berechnungsaufwandes zwischen Backtracks

Die Wirkung des ersten Ansatzes leuchtet direkt ein. Beim zweiten Ansatz geht es darum, möglicherweise erfolglose Wege schnell zu erkennen. In PODEM wird in dieser Hinsicht schon etwas getan, indem nämlich dann, wenn alle Eingänge eines Gatters für eine bestimmte Ausgangsbelegung erforderlich sind, der Weg mit dem am schwersten zu steuernden Eingang zuerst untersucht wird.

Um die Anzahl der Backtracks zu minimieren, ist es sinnvoll, möglichst viele Entscheidungen innerhalb des Entscheidungsbaumes möglichst frühzeitig zu treffen bzw. die Anzahl der Entscheidungsknoten zu verringern. In PODEM wird dieser Punkt dadurch berücksichtigt, daß nur die primären Eingänge belegt werden können. Ein weitergehender Ansatz bezieht sich auf die Implikationsoperation, bei der durch vollständige Vor- und Rückwärtsimplikation viele Belegungen gleich zu Beginn definiert werden. In der zweiten Version des D–Algorithmus ist dieser Aspekt bereits berücksichtigt [RotBou67]. Eine weitere Maßnahme betrifft den Fall, daß die Weiterleitung eines Fehlers nur über ein einziges Gatter erfolgen kann. Es macht dann Sinn, den zugehörigen Pfad schon im voraus zu sensibilisieren. Die genannten Ansätze und noch eine Reihe weiterer Strategien sind in dem FAN–Algorithmus enthalten [Fuji85]. Dort werden auf der Grundlage der Pfadsensibilisierung unter Ausnutzung von Heuristiken die Testmuster sehr effizient berechnet.

Einen weiteren Ansatz stellt der sogenannte LASAR–Algorithmus (Logic Automated Stimulus And Response) dar. Dort werden im Gegensatz zum D–Algorithmus kritische Pfade vom Ausgang her durch die Schaltung gelegt [Bow75], [Benn82]. Bei der Rückwärts–Verfolgung eines kritischen Pfades werden die betroffenen Gatter so gesetzt, daß abhängig vom Gattertyp der Ausgangswert durch einen oder mehrere Eingänge gesteuert wird. An den Stellen, an denen mehrere Möglichkeiten zur Pfadbildung bestehen, kann die Auswahl entweder zufällig erfolgen oder es können andere geeignete Kriterien herangezogen werden. Mit diesen Strategien tendiert LASAR dazu, einen einzigen möglichst langen Hauptpfad und mehrere kurze Nebenpfade durch die Schaltung zu bilden. Dieses Vorgehen hat den Vorteil, daß Probleme durch Rekonvergenzen weitgehend vermieden werden.

Auch beim LASAR–Algorithmus sind wie beim D–Algorithmus Alternativen bei der Auswahl kritischer Pfade möglich, die im Falle erfolgloser Pfadsuche durchzuprobieren sind. Man generiert so für jeden primären Ausgang zwei Testmuster, welche diesen auf s–0 und s–1 testen. Im allgemeinen ist die Fehlerüberdeckung, die damit erreicht wird, unzureichend. Sie kann verbessert werden, indem verschiedene Testmuster für denselben Ausgangsfehler berechnet werden, dadurch daß unterschiedliche kritische Pfade für die Fehlerfortpflanzung gewählt werden.

Durch die Art der Pfadsensibilisierung, bei der jeweils nur ein Pfad gelegt wird, können grundsätzlich keine Fehler überprüft werden, deren Erkennung nur über mehrere parallele Pfade möglich ist. Der LASAR–Algorithmus liefert in aller Regel keine vollständige Testmenge.

Die spezifischen Vorteile einer derartigen Testmustergeneration liegen darin, daß durch den Test der ausgangsseitigen Fehler über verschiedene Pfade in größerem Umfang Fehler, die auf den kritischen Pfaden liegen, mitgetestet werden. Dadurch sind LASAR–artige Generatoren insbesondere geeignet, eine Teiltestmenge mit wenigen Testmustern zu erzeugen, die schon eine vergleichsweise hohe Fehlerüberdeckung aufweist.

4.7 Beschleunigungstechniken

Die im folgenden dargestellten Techniken dienen der Beschleunigung von Algorithmen zur Testmusterbestimmung. Dabei handelt es sich um allgemeine Ansätze, die prinizpiell auf verschiedene Verfahren anwendbar sind, im Gegensatz zu den bereits behandelten Optimierungsmöglichkeiten der beschriebenen Algorithmen.

4.7.1 Zusammenfassung von Fehlern

Die einfachste Art, die Testmusterbestimmung zu beschleunigen, besteht in der Reduktion der Schaltungsknoten, für die Testmuster berechnet werden müssen.

Zusammenfassung nicht unterscheidbarer Fehler

Im Rahmen der Behandlung nicht unterscheidbarer Fehler wird die Anzahl der Haftfehler, die bei einem elementaren Element berücksichtigt werden, reduziert. Man geht davon aus, daß man für Fehler, die sich in ihren Auswirkungen nicht unterscheiden, keine unterschiedlichen Testmuster bestimmen muß.

Zunächst einmal müssen für jeden Baustein alle möglichen Fehler angenommen werden, d.h. alle Eingangs- und alle Ausgangsfehler. Die zu betrachtende Fehlerzahl kann wesentlich reduziert werden, wenn man berücksichtigt, daß ein Fehler an einem Ausgang die gleiche Wirkung hervorruft wie ein Fehler an einem Eingang, wenn dieser Ausgang *nur* diesen Eingang speist. Man braucht in einem solchen Fall nur die Eingangsfehler zu berücksichtigen. Bei Verzweigungen dagegen ist diese Vereinfachung nicht möglich, da ein Ausgangsfehler des Gatters ein anderes Verhalten zeigen kann als der Fehler einer der Eingänge, der von der Verzweigung gespeist wird.

Außerdem kann die Fehlerzahl reduziert werden, indem man diejenigen Fehler an einem Gatter, welche die gleichen Auswirkungen zeigen, zusammenfaßt. Als Beispiele sollen das UND und das ODER Gatter in Bild 4.9 dienen, in denen die Fehler mit den gleichen Auswirkungen gekennzeichet sind.

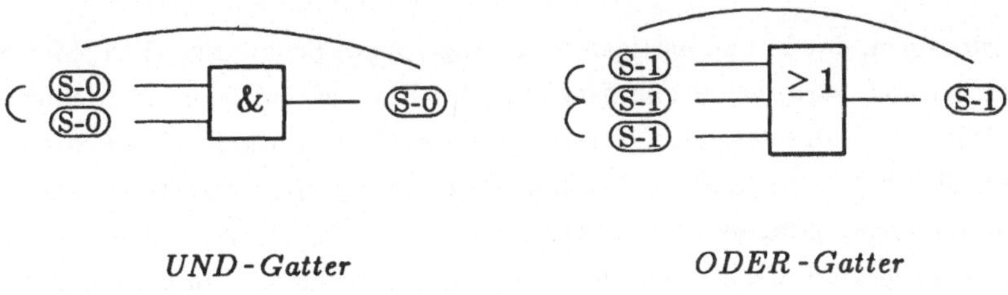

Bild 4.9: Nichtunterscheidbare Fehler an elementaren Gattern

Berücksichtigung baumartiger Schaltungsteile

Baumartige Schaltungteile haben die Eigenschaft, intern keine Verzweigungen zu besitzen. Der kleinste mögliche Baum ist ein elementares Gatter. Ein *maximaler Baum* ist dadurch gekennzeichnet, daß seine Eingänge entweder von primären Eingängen oder von

Verzweigungen gespeist werden. Jeder Baum besitzt nur einen Ausgang, der entweder zu einer Verzweigung führt oder an einem primären Ausgang endet. Jede kombinatorische Schaltung läßt sich in solche maximalen Bäume zerlegen. In Bild 4.10 sind die maximalen Bäume der Schaltung gestrichelt eingezeichnet.

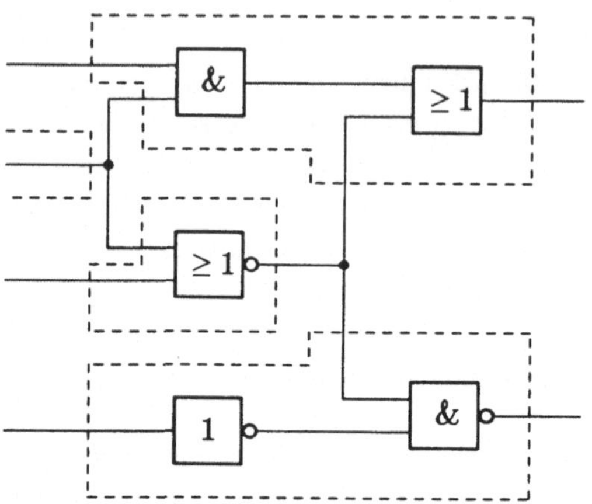

Bild 4.10: Schaltung mit maximalen Bäumen

Es läßt sich zeigen, daß in baumartigen Schaltungen bzw. Schaltungsteilen jeder Einfach-Haftfehler getestet wird, wenn alle Eingänge des Baumes auf beide Haftfehler getestet werden. Wird ein Baum-Eingang getestet, dann muß ein kritischer Pfad existieren, der sich durch die Stufen des Baumes bis zum Baum-Ausgang erstreckt. Da es im Baum keine Verzweigungen gibt, existiert nur ein einziger solcher Pfad. Auf diesem muß sich jeder Fehler bemerkbar machen, der den Pfadzustand verfälscht. Da beide Eingangswerte getestet werden, wird auch der ganze Pfad auf beide Werte getestet. Wenn das für alle Baum-Eingänge durchgeführt wird, dann liegen alle bauminternen Leitungen auf mindestens einem Pfad, der in wenigstens zwei Testmustern kritisch ist und entgegengesetzte Werte trägt. Kurz gesagt:

In *redundanzfreien Schaltungen* sind Haftfehler nur an Baum-Eingängen zu berücksichtigen. Legt man maximale Bäume zugrunde, dann sind davon alle primären Eingänge und alle Eingänge von Verzweigungen betroffen.

4.7.2 Kompaktierungsverfahren

Im Gegensatz zu den bisher beschriebenen Beschleunigungstechniken, die auf der Struktur der Schaltung beruhen, gehen die Kompaktierungsverfahren von den erzeugten Testmustern aus. Dabei wird zwischen der statischen und der dynamischen Kompaktierung unterschieden.

Für die *statische Kompaktierung* wird vorausgesetzt, daß bereits eine vollständige Testmenge bestimmt wurde. Die Eingangswerte dieser Testmuster, die z.B. mit Hilfe des D-Algorithmus berechnet wurden, sind in der Regel nicht vollständig bestimmt. Einige Eingangskombinationen enthalten außer den festen Werten '0' und '1' noch ein 'X'. Diesen unbestimmten Eingängen können noch feste Werte zugewiesen werden, um weitere Fehler zu testen, ohne die fehlererkennenden Eigenschaften bezüglich der ursprünglichen Fehler zu verändern.

Zwei Testmuster lassen sich dann kompaktieren, wenn jeder primäre Eingang entweder in beiden Testmustern den gleichen Wert hat oder in wenigstens einem der beiden Testmuster unbestimmt ist. Auf diese Weise können z.B. die beiden nachfolgend angegebenen Testmuster kompaktiert werden.

1. Testmuster X 0 1 1 0 X X
2. Testmuster 1 X X 1 0 0 0

$\Rightarrow$ Kompaktiertes Muster 1 0 1 1 0 0 0

Kompaktierbare Kombinationen:

$\cdots 0 \cdots$ / $\cdots 0 \cdots$	$\Rightarrow$	$\cdots 0 \cdots$	$\cdots 0 \cdots$ / $\cdots X \cdots$	$\Rightarrow$	$\cdots 0 \cdots$
$\cdots 1 \cdots$ / $\cdots 1 \cdots$	$\Rightarrow$	$\cdots 1 \cdots$	$\cdots 1 \cdots$ / $\cdots X \cdots$	$\Rightarrow$	$\cdots 1 \cdots$
$\cdots X \cdots$ / $\cdots X \cdots$	$\Rightarrow$	$\cdots X \cdots$			

Nicht kompaktierbare Kombination:

$$\begin{matrix} \cdots 0 \cdots \\ \cdots 1 \cdots \end{matrix} \Rightarrow$$

Durch iterative Anwendung der statischen Kompaktierung kann man eine Testmenge verkleineren, wenn kompaktierbare Kombinationen darin enthalten sind.

Prinzipiell ist es auch möglich, auf dem Wege der statischen Kompaktierung eine minimale Testmenge zu erzeugen. Dazu ist es notwendig, zunächst für jeden Fehler jedes mögliche Testmuster zu erzeugen und danach die Testmuster zu kompaktieren, wobei für jeden Fehler nur ein Testmuster zu berücksichtigen ist. Die kleinste der entstehenden Testmengen ist eine minimale Testmenge. Dieses Verfahren ist, wie man sich vorstellen kann, durch die große Anzahl der möglichen Kombinationen nicht in der Praxis einsetzbar.

Während die statische Kompaktierung ganz unabhängig von der Testmustererzeugung eingesetzt werden kann, ist die *dynamische Kompaktierung* direkt mit dem Vorgang der Testmusterbestimmung verbunden. Das Testmuster für den ersten Fehler wird wie gewohnt bestimmt. Dieses Testmuster wird, vor allem in Schaltungen mit mehreren primären Ausgängen, unvollständig sein. Einige primäre Eingänge sowie die damit verbundenen internen Leitungen bleiben zunächst undefiniert.

Um diese festzulegen, gibt man nun einen weiteren Fehler vor, der mit den bereits berechneten Belegungen vereinbar ist und wendet den Algorithmus zur Testmusterbestimmung erneut an, um diesen Fehler erkennbar zu machen. Dieser Schritt erfolgt unter der Annahme, daß die festgelegten Eingänge nicht mehr geändert werden sollen. Wenn der hinzugenommene Fehler unter diesen Bedingungen überhaupt testbar ist, werden weitere primäre Eingänge festgelegt. Dieses Verfahren kann so lange fortgesetzt werden, wie sich Fehler einfügen lassen, die mit den bereits festgelegten Eingängen vereinbar sind.

Bei diesem Vorgehen ergibt sich schließlich ein Testmuster, das entweder keine undefinierten primären Eingänge mehr aufweist bzw. den Test weiterer Fehler auch dann nicht erlaubt, wenn man verbleibende undefinierte Eingänge mit 0 oder 1 belegt. So bestimmte Testmuster lassen sich daher nicht weiter kompaktieren.

Die Auswahl des nächsten Fehlers, der mit dem gleichen Muster getestet werden soll, kann heuristisch erfolgen und sollte ohne großen Aufwand getroffen werden, da sonst die Vorteile der dynamischen Kompaktierung schnell ins Gegenteil verkehrt werden können. Außerdem ist zu prüfen, ob es sinnvoll ist, einen weiteren Fehler hinzuzunehmen, oder ob es besser ist, ein völlig neues Testmuster für den nächsten Fehler zu bestimmen.

Als Kriterium für diese Entscheidung kann man die noch freie Zahl an primären Eingängen oder die Rechenzeit, die für die aktuelle Kompaktierung im Vergleich zum vorherigen Schritt verbraucht wird, benutzen.

4.8 Fehlersimulation

Das grundlegende Vorgehen bei der Fehlersimulation besteht darin, in einen Schaltkreis einen logischen Fehler zu injizieren und dann die Schaltung mit diesem Fehler und einem bestimmten Eingabemuster zu simulieren. Unterscheidet sich das Ergebnis der Simulation von dem zuvor ermittelten korrekten Ausgangsmuster, so ist der eingefügte Fehler mit Hilfe des verwendeten Eingabemusters erkennbar. Führt man diese Simulation für alle Haftfehler einer Schaltung mit einer bestimmten Testmenge durch, so erhält man eine Aussage darüber, welche Fehler mit dieser Testmenge erkannt werden. Die Ermittlung dieser sog. *Fehlerüberdeckung* stellt einen wichtigen Einsatzbereich der Fehlersimulation dar.

Neben dieser globalen Aussage ist häufig die Unterstützung der Testmusterbestimmung von Interesse, wenn man kein algorithmisches Verfahren einsetzen möchte oder kann. Man nimmt dann eine bestimmte Testmenge an oder berechnet diese (z.B. mit dem LASAR-Algorithmus) und führt eine Fehlersimulation aus. Diese liefert bei einer geeignet gewählten Testmenge meist schon mit wenigen Mustern eine ganz akzeptable Fehlerüberdeckung. Für die verbleibenden Fehler berechnet man dann gezielt zusätzliche Testmuster und fügt diese an die Testmenge an. Durch diese Kombination von Fehlersimulation und Testmusterberechnung kann häufig der Aufwand zur Bestimmung einer bestimmten Testmenge verringert werden.

Für den zeitlichen Simulationsablauf gibt es zwei unterschiedliche Arten der Steuerung, die tabellengesteuerte ereignisorientierte Simulation und die compilergesteuerte Simulation.

Bei Anwendung der *tabellengesteuerten ereignisorientierten* Simulation wird die Zuordnung logischer Werte zu festen äquidistanten Zeitpunkten vorgenommen, die üblicherweise als Vielfache einer Gatter-Verzögerungszeit gewählt werden. Die Ereignisorientierung betrifft Signaländerungen auf einem Pfad; denn es brauchen nur diejenigen Gatter simuliert zu werden, bei denen sich mindestens ein Eingangswert in einem Zeitintervall geändert hat.

Im Rahmen der *compilergesteuerten* Simulation wird eine Schaltung zunächst in Ebenen unterschiedlicher Schaltungstiefe eingeteilt, so daß die Ausgangswerte jeder Ebene jeweils die Eingänge zu einer höheren Ebene darstellen. Auf diese Weise können ausgehend von den primären Eingängen die Werte der verschiedenen Ebenen in aufsteigender Ordnung berechnet werden. Grundlage dafür ist ein Programm, das eine Übersetzung der in Ebenen eingeteilten Schaltung darstellt.

Die Unterschiede der beiden Arten der Ablaufsteuerung liegen vor allem bei der Behandlung zeitlicher Abhängigkeiten und Bedingungen. Denn während die compilergesteuerte Simulation üblicherweise ohne Verzögerungszeiten arbeitet und damit für die Behandlung laufzeitbedingter Abläufe ungeeignet ist, können solche Bedingungen im Rahmen der ereignisorientierten Steuerung gut mit berücksichtigt werden.

Die Genauigkeit der Simulation wird zusätzlich durch die Wertigkeit der Logik bestimmt, die zur Modellierung der Signale eingesetzt wird. Im einfachsten Fall entspricht diese den logischen Werten 0 und 1, die für die Nachbildung des rein logischen Verhaltens ausreichen. Sollen darüber hinaus laufzeitbedingte Fehler untersucht werden oder sollte wie bei der Testmusterbestimmung für Schaltwerke eine Unterscheidung zwischen fehlerfreiem Fall und Fehlerfall erforderlich sein, so ist u.U. eine größere Anzahl von Werten erforderlich. Es ist dann üblich, getrennte Werte für undefiniert, steigende und fallende Flanken usw. vorzusehen. Dadurch, daß alle vorkommenden logischen Funktionen für alle verwendeten Werte zu spezifizieren sind, steigen Speicherbedarf und Berechnungsaufwand entsprechend an.

Für die *Ausführung* der Simulation gibt es unterschiedliche methodische Ansätze, die sich vor allem hinsichtlich des zeitlichen Aufwandes für diesen Vorgang unterscheiden.

Im Rahmen der *parallelen Fehlersimulation* werden n Versionen einer Schaltung gleichzeitig simuliert. Von diesen stellt eine den fehlerfreien Fall dar und die verbleibenden $(n-1)$ Versionen enthalten jeweils in die Schaltung eingebaute unterschiedliche Fehler. Die Möglichkeit der gleichzeitigen Berechnung aller Versionen ergibt sich dadurch, daß jeweils ein einzelnes Bit eines Wortes im Rechner einer bestimmten Version der Schaltung zugeordnet wird und dadurch die logischen Operationen zwischen einzelnen Worten im Rechner die gleichzeitige Simulation der verschiedenen Versionen erlauben.

Die *deduktive Fehlersimulation* geht davon aus, daß nur der fehlerfreie Fall simuliert wird. Jedoch werden gleichzeitig aus den korrekten Werten der Schaltung alle möglichen Fehler abgeleitet (*engl. deduced*). Das geschieht dadurch, daß der Ausgang eines jeden Gatters außer für seine korrekten Eingangsbelegungen auch für alle möglichen fehlerhaften Eingangsbelegungen berechnet wird. Dadurch lassen sich mit *einem* Simulationslauf alle erkennbaren Fehler berechnen.

Schließlich gibt es noch die Möglichkeit der simultanen (*engl. concurrent*) Fehlersimulation. In diesem Fall wird wie bei der deduktiven Simulation nur der fehlerfreie Schaltkreis simuliert doch im Gegensatz dazu werden nicht alle möglichen Fehler daraus abgeleitet, sondern es werden nur diejenigen nachgebildet, für die sich fehlerfreier Fall und Fehlerfall unterscheiden.

```
+--------------------------------------------------------------------------+
!    AEG    !  DIAGNOSISLISTS          FROM                     ! 19.03.88 !
!TELEFUNKEN!  LOGIC- AND FAULT-SIMULATOR    D I S I M          !PAGE     1!
+--------------------------------------------------------------------------+
!                                                                          !
!           STEP =        1                                                !
!           ===============                                                !
!                                                                          !
!           SI=1                                                           !
!                K1=1 , SI=1 , UEI=1 , XI=1 , YI=1                         !
!                                                                          !
!           UEIPLUS1=1                                                     !
!                K2=1 , K3=1 , UEIPLUS1=1                                  !
!                                                                          !
+--------------------------------------------------------------------------+
!                                                                          !
!           STEP =        4                                                !
!           ===============                                                !
!                                                                          !
!           SI=0                                                           !
!                CL=0 , CL=1 , SI=0 , UEI=0                                !
!                                                                          !
+--------------------------------------------------------------------------+
!                                                                          !
!           STEP =        6                                                !
!           ===============                                                !
!                                                                          !
!           SI=0                                                           !
!                K1=0 , YI=0                                               !
+--------------------------------------------------------------------------+
!                                                                          !
!                                                                          !
!           STEP =        8                                                !
!           ===============                                                !
!                                                                          !
!                K3=0 , UEIPLUS1=0                                         !
!                                                                          !
+--------------------------------------------------------------------------+
!                                                                          !
!           STEP =       10                                                !
!           ===============                                                !
!                                                                          !
!           SI=0                                                           !
!                XI=0                                                      !
!                                                                          !
+--------------------------------------------------------------------------+
!                                                                          !
!           STEP =       14                                                !
!           ===============                                                !
!                                                                          !
!           UEIPLUS1=0                                                     !
!                K2=0                                                      !
!                                                                          !
+--------------------------------------------------------------------------+
```

Bild 4.11: Diagnoseliste für einen Volladdierer

Ein Vergleich dieser Simulationsverfahren zeigt bei größeren Schaltungen, daß hinsichtlich des Rechenzeitbedarfs die simultane Simulation am günstigsten und die parallele Simulation am ungünstigsten ist. Beim Speicherbedarf sind die Verhältnisse umgekehrt.

Als Beispiel für die Anwendung eines Fehlersimulators soll zum Abschluß auf den Simulator DISIM (DIgitaler SIMulator) eingegangen werden [DISIM]. Wie schon gesagt, besteht eine der Aufgaben der Fehlersimulation darin, die Fehlerüberdeckung einer Testmenge zu bestimmen. Bei DISIM erhält man eine Ausgabe über die prozentuale Fehlerüberdeckung und Werte für die Anzahl der simulierten und entdeckten Fehler. Darüber hinaus besteht die Möglichkeit, anhand einer Diagnoseliste Aussagen darüber zu erhalten, welche Fehler sich an welchen Ausgängen auswirken. In Bild 4.11 ist eine solche Liste beispielhaft für einen Volladdierer dargestellt.

Die Diagnoseliste ist nach Taktzeitpunkten geordnet und enthält für jeden Taktzeitpunkt die fehlerhafte Ausgangsgröße zusammen mit den injizierten Fehlern. So ist z.B. zum Taktzeitpunkt 6 der Ausgang SI fehlerhaft aufgrund der an K1 oder YI injizierten Fehler. Die Diagnoseliste kann unter anderem dazu verwendet werden, um im Fall einer zu geringen Fehlerüberdeckung gezielt Testmuster einzufügen, sofern keine grundsätzlichen Probleme, wie z.B. Redundanzen, dies unmöglich machen.

Die Ergebnisse der Fehlersimulation sind grundsätzlich in ihrer Aussagefähigkeit dadurch beschränkt, daß ein bestimmtes Fehlermodell vorausgesetzt wird und daß die Signale durch eine bestimmte Logik modelliert werden. Diese beiden Randbedingungen sind insbesondere zu beachten, wenn es um die Übereinstimmung zwischen der realen Schaltung und ihrer Nachbildung durch die Simulation geht.

4.9 Testmuster für Schaltwerke

Schaltwerke sind im Vergleich zu Schaltnetzen dadurch gekennzeichnet, daß ihre Ausgangssignale auch von zurückliegenden Eingangssignalen abhängen können, deren Einwirkung sich in dem Zustand des Schaltwerks niederschlägt, welcher wiederum zur Bildung der Ausgangssignale herangezogen wird.

Der Test eines bestimmten Fehlers in einem Schaltwerk muß folglich auch den Umstand berücksichtigen, daß sich eine bestimmte Eingangsbelegung auf die Ausgänge, auf den Zustand oder auf beides auswirkt. Daraus ergibt sich in aller Regel die Notwendigkeit, daß selbst für den Test einzelner Fehler *Testfolgen* erforderlich sind, um das Schaltwerk in einen definierten Zustand zu versetzen, die Belegung für den Fehler zu erzeugen und unter Umständen die Auswirkungen an die Ausgänge weiterzuleiten, falls sie sich nur in einer Zustandsänderung dokumentiert haben. Der Test des gesamten Schaltwerks ergibt sich dann durch Zusammenfassung der auf diese Weise bestimmten Teiltests.

Für die Testmusterbestimmung in Schaltwerken kann ein Teil der bereits für Schaltnetze verwendeten Verfahren eingesetzt werden, allerdings in modifizierter Form. So lassen sich die BOOLEschen Differenzen heranziehen [Pfeu71], [Görke73] oder eine erweiterte Form des D-Algorithmus [Kubo68], [PuRo71]. Hinzu kommen spezielle Verfahren für Schaltwerke wie z.B. die Verifikation von Übergangstabellen [PoMcCl64].

Ein grundlegender Ansatz von praktischer Bedeutung, auf dem ein Teil der genannten Verfahren aufbaut, besteht in der Modellierung sequentieller Schaltungen durch pseudokombinatorische Schaltungen . Das Prinzip dieser Abbildung läßt sich dadurch charakterisieren, daß die zeitliche Abfolge der Zustände im Schaltwerk auf eine räumliche Anordnung im Schaltnetz abgebildet wird. Es entsteht so eine *iterative* Struktur, die für synchrone Schaltungen eine recht genaue Modellierung darstellt. (Das Zeitverhalten asynchroner Schaltungen läßt sich jedoch damit nur schwer erfassen.)

Geht man von der in Kapitel 2.5 eingeführten Beschreibung von Schaltwerken aus, und trennt die Rückführungen auf, so erhält man die in Bild 4.12 gezeigte Darstellung. Diese Darstellung ist geeignet, um ein iteratives Modell des Schaltwerks zu erzeugen.

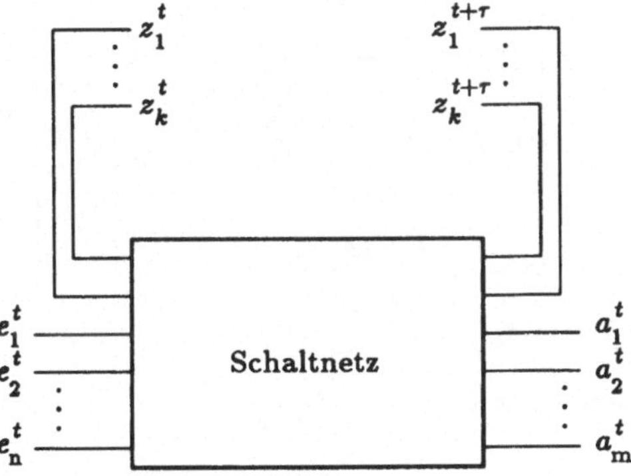

Bild 4.12: Schaltwerk mit aufgetrennten Rückführungen

Wenden wir uns zunächst dem synchronen Fall zu, der dadurch gekennzeichnet ist, daß die Signale der Schaltung nur zu bestimmten Zeitpunkten ausgewertet werden. Dadurch erhält man stabile Zustände und Übergangsvorgänge können unbeachtet bleiben.

Die Zustandsinformation eines synchronen Schaltwerks wird normalerweise in Flipflops gespeichert, so daß der Übergang vom Schaltwerk zum iterativen Schaltnetz dadurch gekennzeichnet ist, daß die Zustandsspeicher durch sogenannte *Pseudo–Flipflops* (PFF) ersetzt werden und daß der Zeitindex in einen räumlichen Index transformiert wird. Für diese Umsetzung soll in den Schaltwerksgleichungen 2.27 und 2.28 die Substitution $Z^{t+\tau} = Y^t$ eingeführt werden. Man erhält dann die Gleichungen 4.11.

$$\begin{aligned} Y^t &= G(E^t, Z^t) \\ A^t &= F(E^t, Z^t) \end{aligned} \tag{4.11}$$

Da in diesen Gleichungen alle Variablen den gleichen Zeitindex haben, ist es nicht mehr zwingend erforderlich, diesen anzugeben, so daß bei der Darstellung des iterativen Schaltnetzes, Bild 4.13, die Angabe des räumlichen Index in Klammern ausreicht.

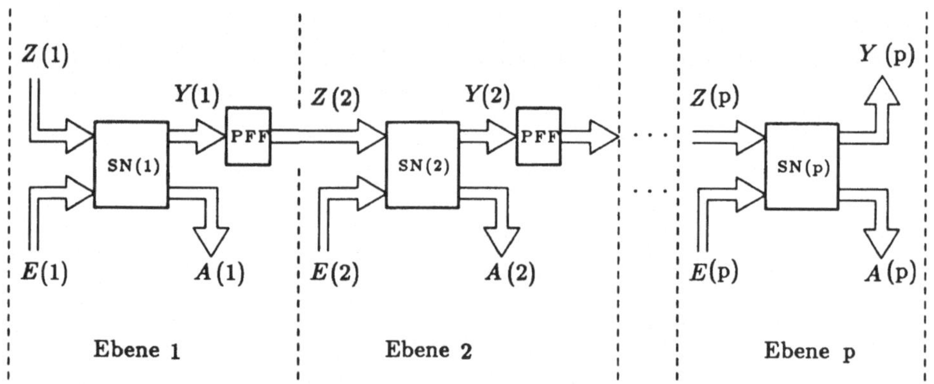

Bild 4.13: Iteratives Schaltnetz

Die zeitliche Abfolge der Ereignisse wird so auf eine räumliche Abfolge von Schaltvorgängen abgebildet, so daß das Schaltnetz 1 die Ereignisse der Ebene 1 modelliert, das Schaltnetz 2 die Ereignisse der Ebene 2 usw. Auf diese Weise entspricht das logische Verhalten des iterativen Schaltnetzes dem Verhalten der zugrunde liegenden sequentiellen Schaltung.

Das Problem des Tests eines Einzelfehlers mit den am Anfang dieses Kapitels erwähnten Testfolgen stellt sich dann so dar, daß ein iteratives Schaltnetz derart konstruiert wird, daß über die primären Eingänge der verschiedenen Ebenen die Schaltung so angesteuert wird, daß sich am Fehlerort der erwünschte, dem angenommenen Fehler entgegengesetzte Wert einstellt und daß sich ein Weg zu einem primären Ausgang angeben läßt, über den die Fehlerwirkung sichtbar gemacht werden kann.

Zu beachten ist dabei, daß ein angenommener Fehler aufgrund der iterativen Struktur zu einem Mehrfachfehler wird und daß die Werte der Zustandsvariablen zu Beginn eines Tests undefiniert sind. Das Auftreten von Mehrfachfehlern kann bewirken, daß kritische Pfade über Signalwege gehen, die selbst fehlerhaft sind und so unter Umständen Fehlerwirkungen aufheben. Diese Aspekte sind beim Aufbau einer iterativen Struktur und bei der Testgenerierung für eine gegebene sequentielle Schaltung zu beachten.

Für die Erstellung von Testmustern nach der erläuterten Methode ist nun so vorzugehen, daß zunächst ein iteratives Schaltnetz mit einer bestimmten, zunächst frei wählbaren, Anzahl von Ebenen erzeugt wird. In diese Struktur ist der angenommene Fehler des Schaltwerks in Form eines Mehrfachfehlers einzutragen. Ausgehend von einer bestimmten Ebene ist nun eine Testfolge so zu bestimmen, daß am Fehlerort der gewünschte Wert eingestellt werden kann und daß die Fehlerwirkung an einem primären Ausgang sichtbar gemacht werden kann. Dabei ist zu berücksichtigen, daß die Zustandsvariablen zu Beginn des Tests undefiniert sind. — Ist unter diesen Bedingungen keine Testfolge zu finden, so ist die Anzahl der Ebenen zu erhöhen.

Als Abbruchkriterien bei der Wahl der Ebenenzahl kann bei n Zustandsvariablen der Wert 4^n dienen; denn dieser Wert entspricht bei einer Logik mit den Werten 0, 1, X, D, $\overline{D}$ der Anzahl der Zustände, wenn man voraussetzt, daß in Testmustern "X" durch "0" oder "1" ersetzt wird.

Das soeben erläuterte Vorgehen soll nun auf ein einfaches Beispiel angewendet werden.

Gegeben sei das in Bild 4.14 gezeichnete Schaltwerk, bei dem der Fehler 'ständig-0', s-0, an dem Eingang des UND-Gatters G_3 untersucht werden soll, der von dem Gatter G_2 gespeist wird.

Zu diesem Schaltwerk wird eine iterative Struktur erzeugt, wie sie in Bild 4.15 dargestellt ist. Dabei wurden zunächst willkürlich 3 Ebenen gewählt, die jedoch, wie zu sehen sein wird, bei diesem Beispiel ausreichen, um eine Testfolge zu erzeugen.

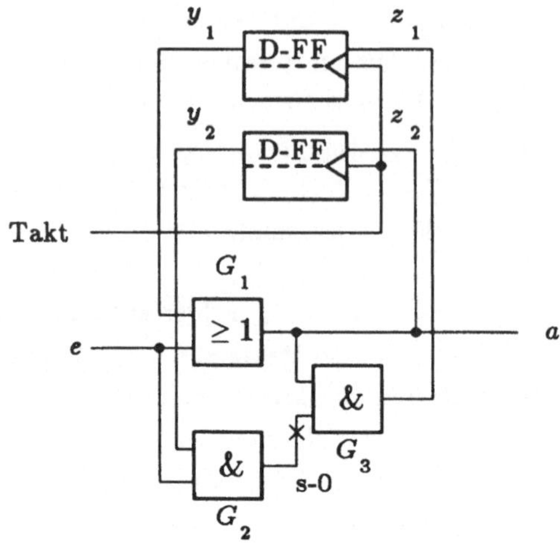

Bild 4.14: Sequentielle Schaltung

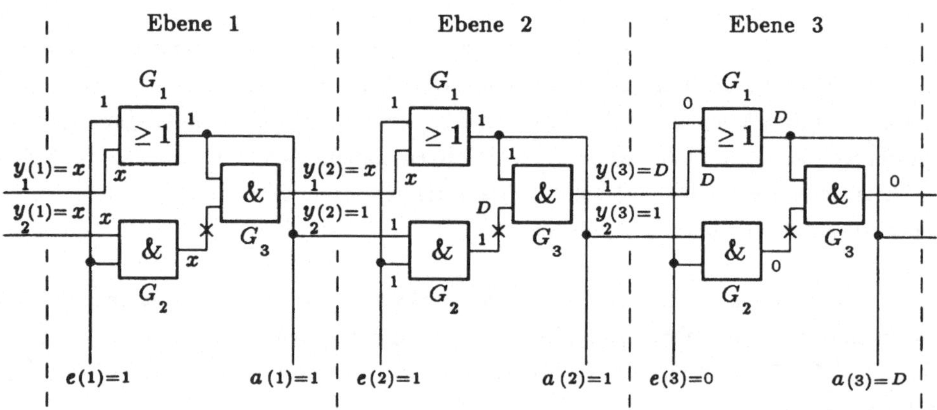

Bild 4.15: Iteratives Schaltnetz

Zur Bestimmung der Testfolge soll in Ebene 2 begonnen werden. Dort ist am Fehlerort der Wert D zu erzeugen. Das geschieht durch die fehlerinjizierende Belegung "1, 1" am Eingang des Gatters G_2. Daraus folgt, daß $y_2(2) = 1$ ist und damit der Ausgang von G_1 in Ebene 1 "1" sein muß. Dieser Wert wird durch $e(1) = 1$ sichergestellt. Der zweite Eingang von G_2 in Ebene 2 wird durch $e(2) = 1$ festgelegt. Damit ist die Fehlerinjektion abgeschlossen und wir erhalten $y_1(1) = X, e(1) = 1, e(2) = 1$.

Die Fehlerleitung zum primären Ausgang beginnt ebenfalls in Ebene 2 mit einer "1" am zweiten Eingang von G_3. Dieser Wert kann durch e(2) = 1 sichergestellt werden. $y_1(2)$ ist damit unbestimmt und muß nicht weiter verfolgt werden. Zur weiteren Fehlerleitung ist jetzt in Ebene 3 e(3) = 0 zu setzen, wodurch D an a(3) sichtbar wird. Damit ist die erforderliche Testfolge bestimmt. Sie besteht darin, daß an e nacheinander 1 1 0 anzulegen ist.

Eine allgemeine Aussage zum erweiterten D-Algorithmus für synchrone Schaltungen ist noch erforderlich; denn während bei kombinatorischen Schaltungen durch den Algorithmus ein Testmuster gefunden wird, falls ein solches existiert, ist diese Aussage für die erweiterte Form nicht gültig. Diese Tatsache ist vor allem dem Umstand zuzuschreiben, daß Fehlerinjektion bzw. Fehlerleitung über Pfade erfolgen kann, die ihrerseits wiederum fehlerbehaftet sind. In diesem Fall hilft nur eine Erweiterung des Fehlermodells auf 9 Werte, die eine Unterscheidung im Verhalten des normalen und des fehlerbehafteten Schaltkreises erlaubt [Muth75].

Des weiteren müssen einige Bedingungen eingehalten werden, damit alle Einfachhaftfehler in Schaltwerken getestet werden können. Die erste dieser Bedingungen betrifft die Existenz einer Synchronisier- oder Überführungsfolge (*engl. synchronizing sequence*), die sicherstellt, daß ein bestimmter Zustand unabhängig vom Anfangszustand durch eine Folge von Eingangsbelegungen eingestellt werden kann [BreFri76], [Görke73]. Die zweite Bedingung besteht darin, daß die betreffenden Schaltwerke einen streng zusammenhängenden Zustandsgraphen besitzen müssen, so daß von jedem Zustand ein Übergang zu jedem anderen Zustand mittels einer Folge von Eingangsbelegungen möglich ist. Schließlich ist als letzte Bedingung die Redundanzfreiheit gefordert [Muth75]. Diese bezieht sich in Erweiterung der Redundanz für Schaltnetze auch auf Redundanzen durch Speicherglieder.

Zum Abschluß der Behandlung von Fehlern in Schaltwerken soll noch kurz auf asynchrone Schaltungen eingegangen werden. Diese sind im Vergleich zu synchronen Schaltungen vor allem dadurch gekennzeichnet, daß sich Änderungen der Eingangssignale in spontanen Zustandsänderungen auswirken können und somit zeitliche Bedingungen das Verhalten asynchroner Schaltungen wesentlich beeinflussen.

Für die Bestimmung von Testfolgen kann man wie im synchronen Fall asynchrone Schaltwerke durch Auftrennen von Rückkopplungen in iterative Schaltnetze überführen. Kritisch ist bei diesem Vorgehen die Auswahl der aufzutrennenden Verbindungen, die so gewählt werden müssen, daß eine rückkopplungsfreie Struktur entsteht und daß gleichzeitig das logische Verhalten möglichst wenig beeinflußt wird. Auf jeden Fall sind die Testfolgen, die auf einem solchen Weg bestimmt werden durch Fehlersimulation zu verifizieren; denn die korrekte Normalfunktion einer asynchronen Schaltung kann nicht einfach auf Testmusterfolgen übertragen werden, weil diese u.U. im Rahmen der normalen Funktion gar nicht berücksichtigt wurden.

4.10 Aufgaben

Aufgabe 4.1

Gegeben ist ein Antivalenzgatter gemäß Bild 4.1. Für dieses soll eine Mindesttestmenge mit Hilfe der Ausfallmatrix bestimmt werden.

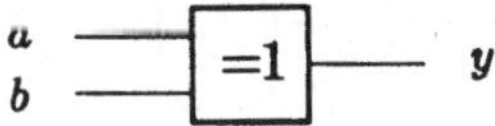

Bild 4.1: Antivalenzgatter

Aufgabe 4.2

Gegeben ist die Antivalenzfunktion

$$y = \bar{a}b + a\bar{b}.$$

Zur Realisierung dieser Funktion stehen UND– und ODER–Gatter wahlweise mit negierten oder nicht negierten Eingängen zur Verfügung. Mit Hilfe der Ausfallmatrix soll eine Mindesttestmenge bestimmt werden.

Aufgabe 4.3

Gegeben ist die Schaltung in Bild A4.2. Gesucht ist eine Mindesttestmenge für Haftfehler an den primären Eingängen. Zur Bestimmung der Testmenge soll die Methode der BOOLEschen Differenzen angewendet werden.

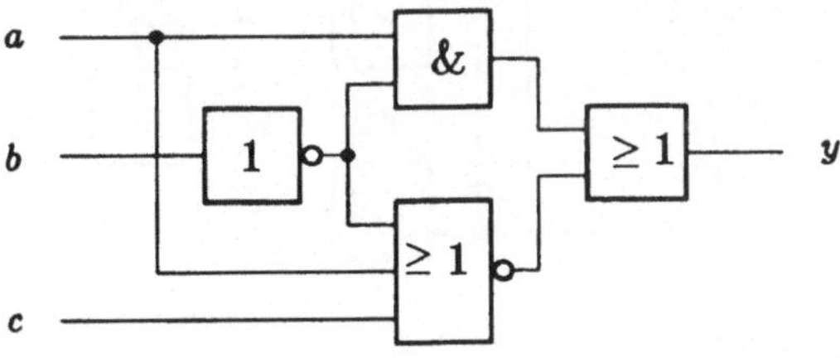

Bild A4.2:

Aufgabe 4.4

Gegeben ist die Schaltung eines 2–Bit–Volladdierers wie in Bild A4.3 dargestellt. Gesucht ist eine Testmenge, die sämtliche Schaltungsknoten auf Haftfehler prüft. Die Testmuster sollen mit Hilfe des D–Algorithmus bestimmt werden.

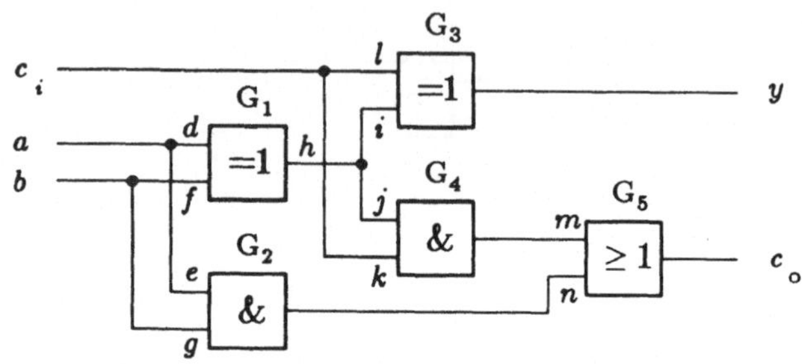

Bild A4.3: 2–Bit–Volladdierer

Aufgabe 4.5

Gegeben ist das Schaltnetz in Bild A4.4. Mit Hilfe des PODEM–Algorithmus sollen Testmuster für die beiden Haftfehler s–0 und s–1 am Knoten h bestimmt werden.

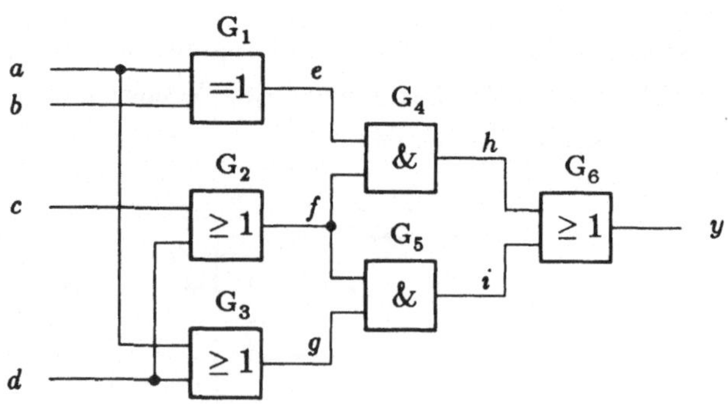

Bild A4.4: Schaltnetz

5 Signalwahrscheinlichkeiten und Testbarkeitsmaße

Der Begriff der Testbarkeit steht im Mittelpunkt dieses Kapitels. Mit der Bestimmung der Testbarkeit einer Schaltung soll eine Aussage darüber gewonnen werden, ob die Knoten einer Schaltung testbar sind und welchen Aufwand ihr Test erfordert [KeiWe77], [Kovi79], [AgMer88].

Allen Betrachtungen zu dieser Thematik ist gemeinsam, daß die ermittelten Testbarkeitswerte in jedem Fall nur Anhaltspunkte liefern, an welchen Stellen eine gegebene Schaltung modifiziert werden soll. Eine exakte Angabe des Testaufwandes ist nicht möglich, da dazu erst die Testmuster bestimmt werden müssen. Doch wäre die Zielsetzung der Testbarkeitsanalyse verfehlt, wenn erst Testmuster bestimmt werden müßten, da ja eine Aussage über die Testbarkeit einer Schaltung gewonnen werden soll, ohne den aufwendigeren Weg der Testmusterbestimmung zu gehen. Der Aufwand für die Testmustergenerierung ist ungefähr dem Quadrat der Knotenanzahl proportional. Für die Testbarkeitsanalyse gilt hingegen in der Regel eine lineare Abhängigkeit.

Bei der Bestimmung der Testbarkeitsmaße wird zwischen der *Steuerbarkeit* und der *Beobachtbarkeit* unterschieden. Unter der Steuerbarkeit (*engl.* controllability C) versteht man dabei die Möglichkeit, einen Schaltungsknoten in einen definierten Zustand ('0' oder '1') zu versetzten. Die Werte der Steuerbarkeit für '0' und '1' werden getrennt betrachtet. In der Regel sind diese Werte nicht gleich. Die Beobachtbarkeit (*engl.* observability O) gibt an, mit welchem Aufwand ein Knoten an den Ausgängen beobachtet werden kann.

Primäre Eingänge erhalten Werte, welche die optimale Steuerbarkeit ausdrücken. Für die Beobachtbarkeit primärer Ausgänge gilt entsprechend, daß diese optimal ist. Von diesen Zuweisungen ausgehend lassen sich die Werte für alle internen Knoten bestimmen.

Eine grobe Abschätzung der Steuerbarkeit eines Knotens kann man bereits über die Anzahl der Stufen zwischen einem primären Eingang und einem internen Knoten erhalten. Das gleiche gilt auch für die Beobachtbarkeit an einem primären Ausgang. Das Ergebnis einer solchen Abschätzung ist nicht befriedigend, da die Struktur der Schaltung und die unterschiedlichen Eigenschaften der verwendeten Gatter nicht in das Ergebnis eingehen. Im folgenden werden zwei Verfahren vorgestellt, mit denen sich bessere Maße für die Testbarkeit ermitteln lassen.

5.1 Signalwahrscheinlichkeiten

Die Grundlage für dieses Verfahren bildet die Wahrscheinlichkeit, daß ein gewünschter logischer Wert ('0' oder '1') am Ausgang eines Elementes erscheint, wenn man zufällig verteilte Testmuster an die Eingänge legt. Damit wird eine Aussage über den zu erwartenden Aufwand gemacht, mit dem ein Ausgang auf '1' bzw. '0' gesetzt werden kann. Im folgenden wird das am Beispiel eines UND-Gatters mit drei Eingängen erläutert.

Die Wahrscheinlichkeit für das Auftreten einer '0' bzw. einer '1' sei für jeden primären Eingang e_i, $1 \leq i \leq 3$, als gleich vorausgesetzt, d.h. $p(e_i = 0) = p(e_i = 1) = 0,5$. Die Wahrscheinlichkeit, daß am Ausgang a dieses UND-Gatters mit den drei Eingängen e_1, e_2 und e_3 eine '1' erscheint, läßt sich dann wie in Gleichung 5.1 angegeben berechnen.

$$\begin{aligned} p\,(a=1) &= p\,(e_1=1)\cdot p\,(e_2=1)\cdot p\,(e_3=1) \\ p\,(a=1) &= 0,5\cdot 0,5\cdot 0,5 \\ p\,(a=1) &= 0,125 \end{aligned} \tag{5.1}$$

Der Wert von 0,125 für die Wahrscheinlichkeit, daß der Ausgang zu "1" wird, macht deutlich, daß nur eine der acht möglichen Eingangskombinationen am Ausgang eine '1' erzeugt. Die Wahrscheinlichkeit, daß sich am Ausgang eine '0' einstellt, läßt sich wie in Gleichung 5.2 angegeben berechnen.

$$\begin{aligned} p\,(a=0) &= 1-p(a=1) \\ p\,(a=0) &= 0,875 \end{aligned} \tag{5.2}$$

Die Wahrscheinlichkeit, daß der Wert eines Eingangs am Ausgang des Gatters erscheint, bezeichnet man als *Übertragungsfähigkeit*. Für ein allgemeines *UND-Gatter* mit n Eingängen $e_1, \ldots, e_n$ und dem Ausgang a ist die Übertragungsfähigkeit für eine '1' gleich dem Produkt der '1'-Wahrscheinlichkeiten der Eingänge, wie in Gleichung 5.3 angegeben.

$$p\,(a=1) = \prod_{i=1}^{n} p_i\,(e_i=1)\;. \tag{5.3}$$

Die Übertragungsfähigkeit für eine '0' ergibt sich entsprechend zu dem in Gleichung 5.4 angegebenen Wert.

$$p\,(a=0) = 1 - \prod_{i=1}^{n} p_i\,(e_i = 1)\;. \tag{5.4}$$

Die Wahrscheinlichkeiten für andere Funktionen werden dadurch berechnet, daß zunächst die Funktion entsprechend den DE MORGANschen Regeln umgeformt wird, bis nur noch UND–Verknüpfungen der Variablen bzw. ihrer Komplemente vorliegen. Die Gesamtwahrscheinlichkeit ergibt sich dann aus dem Produkt aller Einzelwahrscheinlichkeiten.

Als Beispiel wird in Gleichung 5.5 die Wahrscheinlichkeit für ein ODER–Gatter mit drei Eingängen berechnet.

$$\begin{aligned}
p\,(y=1) &= p\,(a+b+c=1)\\
&= p\,(\overline{\overline{a+b+c}}=1)\\
&= p\left(\overline{\bar{a}\,\bar{b}\,\bar{c}}=1\right)\\
&= p\left(\bar{a}\,\bar{b}\,\bar{c}=0\right)\\
&= 1-p\,(\bar{a}\,\bar{b}\,\bar{c}=1)\\
&= 1-[\,p\,(\bar{a}=1)\cdot p\,(\bar{b}=1)\cdot p\,(\bar{c}=1)\,]\\
&= 1-\left[\left(1-p\,(a=1)\right)\cdot\left(1-p\,(b=1)\right)\cdot\left(1-p\,(c=1)\right)\right]
\end{aligned} \tag{5.5}$$

Werden in Gleichung 5.5 die Zahlenwerte für die Eingangswahrscheinlichkeiten eingesetzt, so ergeben sich für die Signalwahrscheinlichkeiten die in Gleichung 5.6 angegebenen Werte.

$$\begin{aligned}
p\,(y=1) &= 1-0{,}125\\
p\,(y=1) &= 0{,}875\\
&\text{und}\\
p\,(y=0) &= 0{,}125
\end{aligned} \tag{5.6}$$

Im folgenden werden noch die Gleichungen für NAND- und NOR-Gatter ohne Herleitung angegeben.

NOR–Gatter

$$p\,(y=1)=\prod_{i=1}^{n} p_i\,(x_i=0) \tag{5.7}$$

$$p\,(y=0)=1-\prod_{i=1}^{n} p_i\,(x_i=0) \tag{5.8}$$

NAND–Gatter

$$p\,(y=0)=\prod_{i=1}^{n} p_i\,(x_i=1) \tag{5.9}$$

$$p\,(y=1)=1-\prod_{i=1}^{n} p_i\,(x_i=1) \tag{5.10}$$

Bei der Analyse komplexerer Schaltungen werden die Signalwahrscheinlichkeiten für die Ausgänge als Eingangswerte für die folgenden Stufen benutzt, wie an dem oben stehenden Beispiel gezeigt wurde. Bei diesem Vorgehen ist jedoch darauf zu achten, daß die Signalwahrscheinlichkeiten rekonvergierender Zweige voneinander abhängen.

Mit dem hier gezeigten Verfahren werden jedem Knoten der Schaltung Werte für die Wahrscheinlichkeit, mit der eine '0' bzw. '1' auftritt, zugewiesen. Die Werte liegen dabei zwischen 0 und 1 und können schnell sehr klein werden. Dies führt dazu, daß man bei der Implementierung eines derartigen Algorithmus besonders auf die Rechengenauigkeit achten muß .

5.2 Testbarkeitsmaße

Die Berechnung von Testbarkeitsmaßen geht zurück auf L.H. Goldstein, der 1979 einen Algorithmus zur Bestimmung der Steuerbarkeit und Beobachtbarkeit digitaler Schaltungen entwickelte [Gold79]. Durch diesen Algorithmus wird von den Eingängen her jedem Knoten ein Maß für die Steuerbarkeit zugeordnet. Daran anschließend wird von den Ausgängen her die Beobachtbarkeit der Knoten ermittelt.

Die Definitionen für die Steuerbarkeit und die Beobachtbarkeit sind so gewählt worden, daß die berechneten Werte im allgemeinen als Abschätzung für den Aufwand dienen können, der zur Einstellung eines Knotens auf "0" oder "1" (Steuerbarkeit) oder zum Auslesen des Wertes eines Knotens (Beobachtbarkeit) erforderlich ist.

Bei den Testbarkeitswerten wird zwischen kombinatorischen (*engl.* combinational, C) und sequentiellen (*engl.* sequential, S) Werten unterschieden. Die kombinatorischen Werte beziehen sich auf rein kombinatorische Logik. Die sequentiellen Werte dagegen spiegeln den Einfluß der Speicherelemente der Schaltung wider, die bewirken, daß Folgen von Testvektoren benötigt werden, um einen Knoten zu steuern oder zu beobachten.

Für jeden Knoten werden die folgenden sechs Werte berechnet:

Kombinatorische Eins–Steuerbarkeit CC^1

Kombinatorische Null–Steuerbarkeit CC^0

Kombinatorische Beobachtbarkeit CO

Sequentielle Eins–Steuerbarkeit SC^1

Sequentielle Null–Steuerbarkeit SC^0

Sequentielle Beobachtbarkeit SO

Die Abkürzungen sind aus den englischen Begriffen abgeleitet. Das Vorgehen bei der Berechnung der Werte wird in den beiden folgenden Abschnitten erläutert.

5.2.1 Kombinatorische Testbarkeitswerte

Für die Berechnung der kombinatorischen Testbarkeitswerte werden den primären Eingängen (*engl.* primary input, *pi*) und primären Ausgängen (*engl.* primary output, *po*) die folgenden Anfangswerte zugewiesen:

$$\begin{aligned} CC^0\,(pi) &= 1 \quad & CC^0\,(po) &= \infty \\ CC^1\,(pi) &= 1 \quad & CC^1\,(po) &= \infty \\ CO\,(pi) &= \infty \quad & CO\,(po) &= 0 \end{aligned} \tag{5.11}$$

Die Zuordnung des Steuerbarkeitswertes 1 zu den primären Eingängen folgt aus der Tatsache, daß genau ein Knoten, nämlich der Eingang selbst, auf '1' bzw. '0' gesetzt werden muß. Die Beobachtbarkeit für den primären Ausgang erhält den Wert 0, da der Knoten beobachtet werden kann, ohne daß einem anderen Knoten ein Wert zuzuweisen ist.

Die Beobachtbarkeit der primären Eingänge und die Steuerbarkeit der primären Ausgänge wird zunächst auf einen Wert gesetzt, der größer als der im ungünstigsten Fall zu erwartende Wert ist, nämlich ∞.

Für jedes Testmuster, das den gewünschten Wert am Ausgang erzeugt, wird die Summe der Steuerbarkeitswerte derjenigen Eingänge gebildet, welche diesen Wert hervorrufen. Die Steuerbarkeit ergibt sich dann als Minimum der berechneten Steuerbarkeitswerte der Eingänge und eines Wertes für die Schaltungstiefe. Dieser Wert entspricht der Anzahl der Gatterstufen, die das Signal innerhalb des betrachteten Grundelements durchlaufen muß. Er beträgt 1 für ein einfaches Gatter.

Zur Verdeutlichung wird die Berechnung der Werte für ein NOR–Gatter mit den drei Eingängen x_1, x_2 und x_3 gezeigt. Um am Ausgang y dieses Gatters eine '1' zu erzeugen, ist es notwendig, daß alle Eingänge x_i zu '0' werden. Die Null–Steuerbarkeiten aller Eingänge sind also zu addieren. Hinzu kommt eine "1" für die zu durchlaufende Gatterstufe, so daß sich die Eins–Steuerbarkeit des Ausgangs y nach der folgenden Gleichung 5.12 berechnen läßt.

$$CC^1(y) = CC^0(x_1) + CC^0(x_2) + CC^0(x_3) + 1, \tag{5.12}$$

Zusammengefaßt läßt sich die Eins–Steuerbarkeit eines NOR–Gatters mit 3 Eingängen wie in Gleichung 5.13 angegeben ausdrücken.

$$CC^1(y) = \sum_{i=1}^{3} CC^0(x_i) + 1 \tag{5.13}$$

Die Null–Steuerbarkeit des Ausgangs eines NOR–Gatters berechnet sich aus den verschiedenen Eingangskombinationen, die jeweils am Ausgang eine "0" zur Folge haben. Das trifft für jede Kombination zu, die mindestens eine "1" enthält. Daraus ergeben sich sieben Möglichkeiten, deren Minimum die Null–Steuerbarkeit festlegt. Man erhält so die Null–Steuerbarkeit des Ausgangs y gemäß Gleichung 5.14:

$$\begin{aligned} CC^0(y) = \min\{&CC^1(x_1),\ CC^1(x_2),\ CC^1(x_3),\ CC^1(x_1) + CC^1(x_2), \\ &CC^1(x_2) + CC^1(x_3),\ CC^1(x_3) + CC^1(x_1), \\ &CC^1(x_1) + CC^1(x_2) + CC^1(x_3)\} + 1 \end{aligned} \tag{5.14}$$

Da die Summe der Kombinationen der einzelnen Eins–Steuerbarkeitswerte der Eingänge immer größer ist als die Eins–Steuerbarkeitswerte eines einzelnen Eingangs, reduziert sich Gleichung 5.14 auf:

$$CC^0(y) = \min\{CC^1(x_1),\ CC^1(x_2),\ CC^1(x_3)\} + 1 \tag{5.14}$$

Analog zu diesem Beispiel können Gleichungen anderer Gattertypen mit den Eingängen $x_i, 1 \leq i \leq n$, und dem Ausgang y angegeben werden.

ODER-Gatter mit n Eingängen:

$$CC^1(y) = \min\{CC^1(x_1), \ldots, CC^1(x_n)\} + 1 \tag{5.15}$$

$$CC^0(y) = \sum_{i=1}^{n} CC^0(x_i) + 1 \tag{5.16}$$

UND-Gatter mit n Eingängen:

$$CC^1(y) = \sum_{i=1}^{n} CC^1(x_i) + 1 \tag{5.17}$$

$$CC^0(y) = \min\{CC^0(x_1), \ldots, CC^0(x_n)\} + 1 \tag{5.18}$$

NAND-Gatter mit n Eingängen:

$$CC^1(y) = \min\{CC^0(x_1), \ldots, CC^0(x_n)\} + 1 \tag{5.19}$$

$$CC^0(y) = \sum_{i=1}^{n} CC^1(x_i) + 1 \tag{5.20}$$

Bei der Analyse eines kompletten Schaltnetzes werden ausgehend von den primären Eingängen die Steuerbarkeitswerte stufenweise berechnet, um so jedem Knoten einen Testbarkeitswert zuzuweisen.

Zur Berechnung der Beobachtbarkeit eines Eingangs wird der Aufwand ermittelt, der benötigt wird, um einen kritischen Pfad vom betrachteten Knoten zu einem Ausgang zu schalten. Zunächst werden dafür alle Eingangskombinationen betrachtet, die einen kritischen Pfad erzeugen. Ihre Steuerbarkeitswerte werden addiert. Die Beobachtbarkeit des betrachteten Knotens ergibt sich dann als Summe aus der Beobachtbarkeit des Ausgangs und den Steuerbarkeitswerten der verbleibenden Eingänge. Hinzu kommt der Wert für die Tiefe des Grundelements, der für ein einfaches Gatter 1 beträgt.

Für ein NOR–Gatter mit drei Eingängen ergibt sich die Beobachtbarkeit einer der Eingänge gemäß Gleichung 5.21.

$$CO(x_i) = CO(y) + CC^0(x_j) + CC^0(x_k) + 1 \tag{5.21}$$

In dieser Gleichung gilt $i \neq j \neq k$ und $i, j, k \in \{1, 2, 3\}$.

5.2.2 Sequentielle Testbarkeitsmaße

Die *sequentielle Steuerbarkeit* ist über die Anzahl von Takten definiert, die im günstigsten Fall erforderlich ist, um diejenige Eingangskombination einzustellen, die einen gewünschten Wert am Ausgang erzeugt. Dabei wird nur dann eine 1, ähnlich der Berücksichtigung der Stufen bei der kombinatorischen Steuerbarkeit, hinzuaddiert, wenn die betreffende Schaltung (Baustein) eine zeitliche, also speichernde Funktion hat.

Die sequentielle Eins–Steuerbarkeit des NOR–Gatters mit den drei Eingängen x_1, x_2, x_3 und dem Ausgang y wird nach Gleichung 5.22 berechnet.

$$SC^1(y) = SC^0(x_1) + SC^0(x_2) + SC^0(x_3) \tag{5.22}$$

Gleichung 5.22 besagt, daß der zeitliche Aufwand, den Ausgang y auf '1' zu schalten dem zeitlichen Aufwand, an allen drei Eingängen eine Null zu erzeugen, entspricht. Da das Gatter selbst keine Verzögerung enthält, wird es bei der Berechnung der sequentiellen Werte nicht berücksichtigt. Hat das betrachtete Grundelement dagegen eine speichernde Funktion, so muß diese, wie später am Beispiel eines Flipflops gezeigt werden wird, durch Addition einer 1 berücksichtigt werden.

Die sequentielle Null–Steuerbarkeit des NOR–Gatters wird nach Gleichung 5.23 berechnet.

$$SC^0(y) = \min\{SC^1(x_1),\ SC^1(x_2),\ SC^1(x_3)\} \tag{5.23}$$

Entsprechend gilt für die sequentielle Null–Steuerbarkeit eines UND–Gatters Gleichung 5.24.

$$SC^0(y) = \min\{SC^0(x_1),\ SC^0(x_2),\ SC^0(x_3)\} \tag{5.24}$$

Für die Berechnung der sequentiellen Eins–Steuerbarkeit eines UND–Gatters gilt Gleichung 5.25.

$$SC^1(y) = SC^1(x_1) + SC^1(x_2) + SC^1(x_3) \tag{5.25}$$

Die *sequentielle Beobachtbarkeit* eines Knotens berücksichtigt den Aufwand, der notwendig ist, den Knoten auf den gewünschten Wert zu setzen und den Aufwand, diesen Wert an einem Ausgang zu beobachten, wobei zusätzlich die erforderliche Zeit berücksichtigt wird. Für die sequentielle Beobachtbarkeit eines NOR–Gatters gilt:

$$SO(x_1) = SO(y) + SC^0(x_2) + SC^0(x_3) \tag{5.26}$$

Für die Beobachtbarkeit eines Eingangs des UND–Gatters gilt entsprechend Gleichung 5.27.

$$SO(x_1) = SO(y) + SC^1(x_2) + SC^1(x_3) \tag{5.27}$$

Die Berücksichtigung des Speicherverhaltens eines Bausteins wird am Beispiel eines D–Flipflops im folgenden Kapitel erläutert.

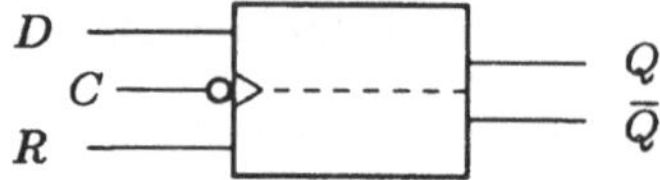

Bild 5.1: D–Flipflop mit Reset–Eingang

5.2.3 Die Testbarkeitsmaße eines D–Flipflop

Als Beispiel für die Berücksichtigung speichernder Eigenschaften sollen die Testbarkeitswerte für ein Flipflop angegeben werden. Es handelt sich um ein mit dem Takt C negativ flankengetriggertes D–Flipflop mit Reset–Eingang R, wie in Bild 5.1 dargestellt.

In den folgenden Betrachtungen wird nur auf den Ausgang Q eingegangen werden. Für den Ausgang $\overline{Q}$ gelten entsprechende Überlegungen.

Für die kombinatorische Eins–Steuerbarkeit von Q gilt Gleichung 5.28.

$$CC^1(Q) = CC^1(D) + CC^0(R) + CC^1(C) + CC^0(C) \tag{5.28}$$

Für die Interpretation dieser Gleichung lassen sich die folgenden Aussagen machen. Um eine '1' am Ausgang Q zu erzeugen, muß sichergestellt werden, daß am Eingang D eine '1' anliegt, Reset '0' ist und am Takteingang C eine negative Flanke erzeugt wird. Dafür muß der Takt C von '1' auf '0' wechseln. Ausgang Q wird entweder durch das Anlegen von *Reset* oder durch eine 0 am Eingang D in Verbindung mit einer negativen Taktflanke zu '0'. Somit ergibt sich die kombinatorische Null–Steuerbarkeit von Q wie sie in Gleichung 5.29 angegeben ist.

$$\begin{aligned} CC^0(Q) = \min\{&CC^1(R) + CC^0(C), \\ &CC^0(R) + CC^0(D) + CC^1(C) + CC^0(C)\} \end{aligned} \tag{5.29}$$

Gleichung 5.30 beschreibt die sequentielle Eins–Steuerbarkeit des Ausgangs Q.

$$SC^1(Q) = SC^1(D) + SC^0(R) + SC^1(C) + SC^0(C) + 1 \tag{5.30}$$

Entsprechend berechnet sich die sequentielle Null–Steuerbarkeit von Q nach Gleichung 5.31:

$$SC^0(Q) = \min\{SC^1(R) + SC^0(C),\ SC^0(R) + SC^0(D) + SC^1(C) + SC^0(C)\} + 1\,. \tag{5.31}$$

Die speichernde Eigenschaft des Flipflops bewirkt eine Verzögerung des Eingangssignals zum Ausgang hin um die Dauer eines Taktes und entspricht damit einer sequentiellen Stufe. Dieses wird durch die Addition einer 1 zum Wert der sequentiellen Steuerbarkeit berücksichtigt.

Die Werte für die Beobachtbarkeit müssen jeweils für die drei Eingänge D, R und C berechnet werden. Der Eingang D läßt sich am Ausgang Q beobachten, wenn Reset auf Null gesetzt wird und eine negative Taktflanke erzeugt wird. Für die kombinatorische bzw. sequentielle Beobachtbarkeit des Eingangs D gelten die Gleichungen 5.32 bzw. 5.33 .

$$CO(D) = CO(Q) + CC^0(R) + CC^1(C) + CC^0(C) \tag{5.32}$$

$$SO(D) = SO(Q) + SC^0(R) + SC^1(C) + SC^0(C) + 1 \tag{5.33}$$

Der Eingang R läßt sich am Ausgang Q beobachten, indem man erst eine '1' über den Eingang D in das Flipflop schreibt und dann am R–Eingang eine '1' erzeugt. Die entsprechenden Gleichungen sind Gleichung 5.34 und Gleichung 5.35 .

$$CO(R) = CO(Q) + CC^1(Q) + CC^0(C) + CC^1(R) \tag{5.34}$$

$$SO(R) = SO(Q) + SC^1(Q) + SC^0(C) + SC^1(R) + 1 \tag{5.35}$$

Der Takt C läßt sich am Ausgang Q beobachten, wenn durch einen negativen Flankenwechsel von C die Übernahme eines Wertes am D–Eingang in das Flipflop beobachtbar ist. Dies geschieht, indem man beide Zustände des Flipflops definiert erzeugt. Entweder man schreibt erst eine 1 in das Flipflop und dann eine '0' oder man setzt das Flipflop mit dem *Reset*–Eingang auf '0' und schreibt dann eine '1' über den D–Eingang hinein. Das Vorbelegen des Flipflops mit '1' bzw. '0' drückt sich in den Gleichungen 5.36 und 5.37 durch die Eins- bzw. Null–Steuerbarkeit des Ausgangs Q aus [Gold79], [GolThi80].

$$\begin{aligned} CO(C) &= \min\{CO(Q) + CC^0(R) + CC^1(C) + CC^0(C) + \\ &\qquad CC^0(D) + CC^1(Q),\ CO(Q) + CC^0(R) + \\ &\qquad CC^1(C) + CC^0(C) + CC^1(D) + CC^0(Q)\} \\ &= \min\{CC^0(D) + CC^1(Q),\ CC^1(D) + CC^0(Q)\} \\ &\qquad + CO(Q) + CC^0(R) + CC^1(C) + CC^0(C) \end{aligned} \tag{5.36}$$

$$\begin{aligned} SO(C) &= \min\{SO(Q) + SC^0(R) + SC^1(C) + SC^0(C) + \\ &\qquad SC^0(D) + SC^1(Q),\ SO(Q) + SC^0(R) + \\ &\qquad SC^1(C) + SC^0(C) + SC^1(D) + SC^0(Q)\} + 1 \\ &= \min\{SC^0(D) + SC^1(Q),\ SC^1(D) + SC^0(Q)\} \\ &\qquad + SO(Q) + SC^0(R) + SC^1(C) + SC^0(C) + 1 \end{aligned} \tag{5.37}$$

5.3 Programme zur Testbarkeitsberechnung

Der von Goldstein beschriebene Algorithmus wurde als einer der ersten implementiert. Das zugehörige Programm heißt SCOAP (*Sandia Controllability Observability Analysis Program*) [GolThi80]. Die Implementierung arbeitet mit der Darstellung der Testbarkeitswerte durch ganze positive Zahlen, so daß keine Rundungsfehler auftreten können.

Ein weiteres Programm, das eine Testbarkeitsanalyse durchführt ist CAMELOT (*Computer Aided MEasure for LOgic Testability*) [BenMau81]. Dieses Programm ist eine Weiterentwicklung von SCOAP. Es unterscheidet im Gegensatz zu SCOAP nicht mehr zwischen '0'- und '1'-Steuerbarkeit. Damit wird die Bewertung vereinfacht. Außerdem werden die Werte auf den Bereich zwischen 0 und 1 normiert, was zu sehr kleinen Zahlen und entsprechenden Problemen bei der numerischen Berechnung führt. Um diese Probleme zu umgehen, werden die vierten und zum Teil auch die achten Wurzeln gezogen, so daß die von CAMELOT gelieferten Werte verzerrt sind und deshalb schlecht interpretiert werden können.

Das Programm VICTOR, dessen Ursprünge ebenfalls in SCOAP liegen, ordnet jedem Knoten neun Werte zu [RatiSang82]. Damit werden zusätzlich zu den Werten von Steuerbarkeit und Beobachtbarkeit, die bereits in SCOAP bestimmt wurden, die Einflüsse von Rekonvergenzen, welche die Bestimmung der Testmuster erschweren, mit berücksichtigt und Testmuster berechnet.

5.4 Aufgaben

Aufgabe 5.1

Gegeben ist die Gleichung für die Wahrscheinlichkeit einer '1' am Ausgang y eines allgemeinen UND–Gatters mit n Eingängen x_i, $1 \leq i \leq n$,

$$p(y = 1) = \prod_{i=1}^{w} p_i(x_i = 1),$$

sowie die allgemeine Aussage über die Wahrscheinlichkeit für das Auftreten einer '1' und einer '0' an einem Schaltungsknoten k

$$p(k = 1) + p(k = 0) = 1.$$

Gesucht sind die Gleichungen der Signalwahrscheinlichkeiten für ein allgemeines ODER–Gatter.

Aufgabe 5.2

Gegeben ist die Schaltung in Bild A5.1. Es sollen die Signalwahrscheinlichkeiten für die Knoten f, g und y bestimmt werden.

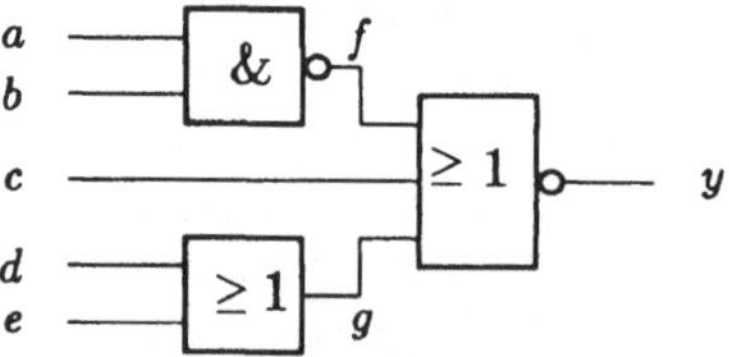

Bild A5.1:

Aufgabe 5.3

Gegeben ist die Schaltung in Bild A5.2. Gesucht sind die Signalwahrscheinlichkeiten der einzelnen Schaltungsknoten. Die für den Ausgang y ermittelten Werte sollen anhand der Wahrheitstabelle für die Ausgangsfunktion überprüft werden.

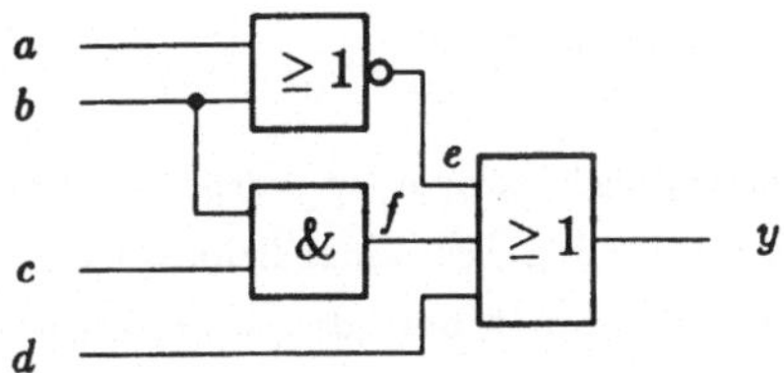

Bild A5.2:

Aufgabe 5.4

Gegeben ist die Schaltung in Bild A5.3. Es sollen die kombinatorischen Steuerbarkeitswerte nach GOLDSTEIN für alle Knoten der Schaltung ermittelt werden.

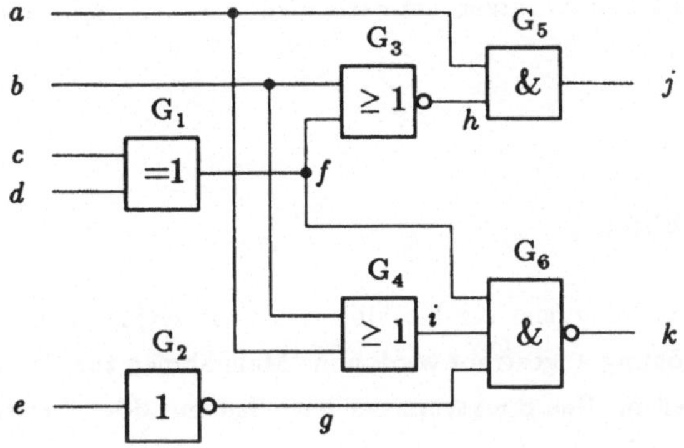

Bild A5.3:

Aufgabe 5.5

Für die Schaltung nach Bild A5.3 sollen die kombinatorischen Beobachtbarkeitswerte bestimmt werden. Zur Berechnung können die in Aufgabe 5.4 ermittelten Steuerbarkeitswerte mitbenutzt werden.

6 Testbarkeitserhöhende Maßnahmen

Unter dem Begriff der Testbarkeitserhöhung oder -verbesserung werden allgemein Maßnahmen und Methoden betrachtet, die den Test einer Schaltung vereinfachen bzw. überhaupt erst ermöglichen. Derartige Maßnahmen betreffen sowohl Modifikationen an einer Schaltung, um z.B. den Zugang zu bestimmten Schaltungsknoten zu verbessern, als auch Maßnahmen zur Bereitstellung der Testmuster. Die zuerst genannten Maßnahmen ohne Einbeziehung der Testmustererzeugung sollen im folgenden als *passive Testhilfen* bezeichnet werden.

Gemeinsam ist den bekannten passiven Testhilfen der Ansatz, den Zugang zu internen Schaltungsknoten zu verbessern, um so die Testmustererzeugung und den Test selbst zu vereinfachen. Dabei lassen sich Ad-hoc-Ansätze, die nach erfolgtem Entwurf Anwendung finden, von systematischen Ansätzen unterscheiden, die schon während des Entwurfs eingesetzt werden.

6.1 Passive Testhilfen

Im Rahmen der Behandlung passiver Testhilfen wird auf Verfahren eingegangen, bei denen eine Testbarkeitserhöhung angestrebt wird, ohne Maßnahmen zur Erzeugung von Testmustern mit einzuschließen. Das Spektrum der betreffenden Möglichkeiten reicht von Testpunkten, die aus dem Inneren einer Schaltung nach außen geführt werden, bis hin zur Einführung eines Prüfbus, der eine systematische Testbarkeitsverbesserung erlaubt.

6.1.1 Ad-hoc Techniken

Ad-hoc Techniken haben die Eigenschaft, ganz spezifisch auf eine bestimmte Schaltung zugeschnitten zu sein. Insofern besteht der erste Schritt dieses Verfahrens darin, schlecht oder nicht testbare Knoten der Schaltung ausfindig zu machen. Für die weiteren Schritte gibt es eine Reihe von Vorschlägen, die abhängig vom Einzelfall eingesetzt werden können [Benn82], [Benn84], [BinTu82].

Knoten innerhalb einer Schaltung, die als Testpunkte in Frage kommen, sind häufig nicht direkt zugängliche Steuerleitungen oder Ausgänge von Speicherelementen oder redundante

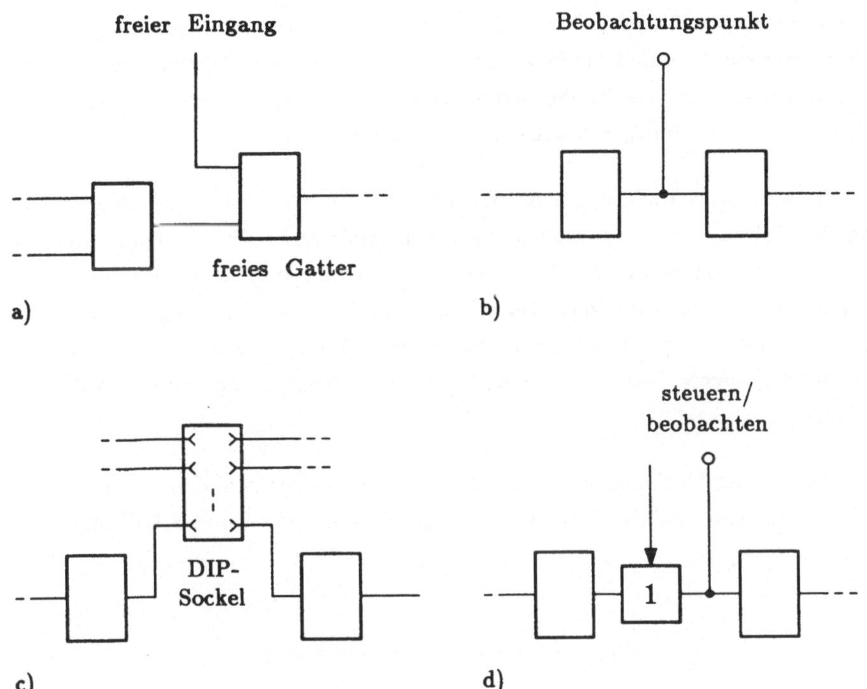

Bild 6.1: Beispiele zur Ad-hoc-Technik

Knoten usw. Testpunkte werden durch Modifikation der vorhandenen bzw. durch Hinzufügen zusätzlicher Hardware eingebaut. Im folgenden werden Beispiele möglicher Realisierungsformen kurz dargestellt.

Nicht benutzte Pins von Chips oder Anschlußstifte bei gedruckten Schaltungen können in Verbindung mit einem unbenutzten Gatter, wie in Bild 6.1a dargestellt, als zusätzliche Steuerlogik verwendet werden. Solche freien Anschlüsse lassen sich auch zur Erhöhung der Beobachtbarkeit wie in Bild 6.1b als Ausgänge benutzen. Diese Methode läßt sich bei gedruckten Schaltungen auch mit Hilfe zusätzlicher Stifte an den Verbindungen von Bausteinen anwenden.

Eine weitere Möglichkeit, zusätzliche Testpunkte auf gedruckten Schaltungen zu erhalten, besteht in der Verwendung von DIP-Sockeln. Dabei werden die zu beoachtenden Testpunkte auf die Anschlüsse des Sockels gelegt. Während der normalen Operation sind die Verbindungen über Brücken geschlossen. Im Testbetrieb kann entsprechend Bild 6.1c das

Verhalten des ersten Bausteins beobachtet und das des zweiten Bausteins gesteuert werden. Steht nur ein Anschluß zur Beobachtung und Steuerung zur Verfügung, so kann durch einen zusätzlichen Tristate–Treiber der zu testende Knoten, wie in Bild 6.1d dargestellt, von den Signalen der übrigen Logik entkoppelt werden.

Stehen nur wenige zusätzliche Anschlüsse zu Verfügung, wie das z.B. bei integrierten Schaltungen der Fall ist, können Multiplexer und Demultiplexer zur Erhöhung der Steuerbarkeit bzw. der Beobachtbarkeit verwendet werden. In Bild 6.2a ist ein Demultiplexer dargestellt, der so gesteuert werden kann, daß über primäre Eingänge der Schaltung alternativ spezielle für den Test notwendige Signale gesteuert werden können. Ebenso können entsprechend Bild 6.2b ausgesuchte Beobachtungspunkte über Multiplexer an primäre Ausgänge herausgeführt werden.

Der Nachteil dieser Methode ist, daß zusätzlicher Hardwareaufwand benötigt wird und daß sich die zusätzliche Logik in den Verzögerungszeiten der gesamten Schaltung bemerkbar macht.

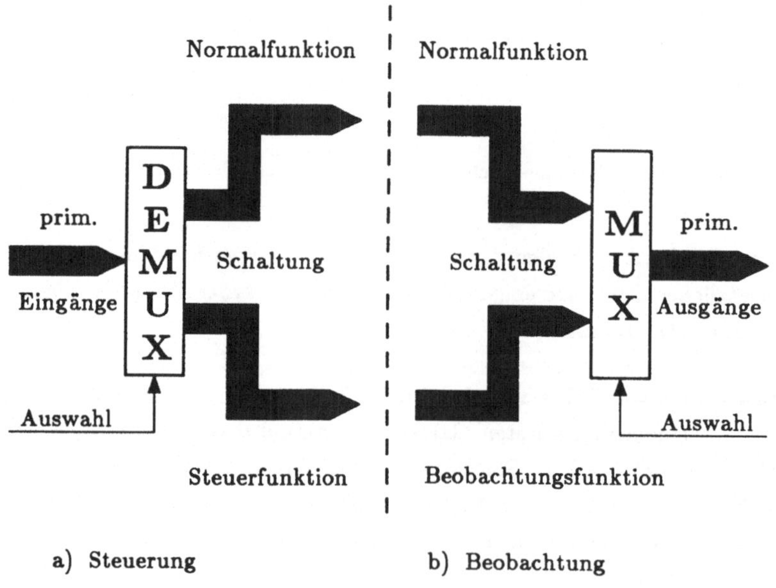

Bild 6.2: Einsatz von Multiplexern

Ähnlich den Multiplexern können Schieberegister zur zusätzlichen Steuerung und Beobachtung von zu testenden Knoten eingesetzt werden. Die Bilder 6.3a und 6.3b skizzieren

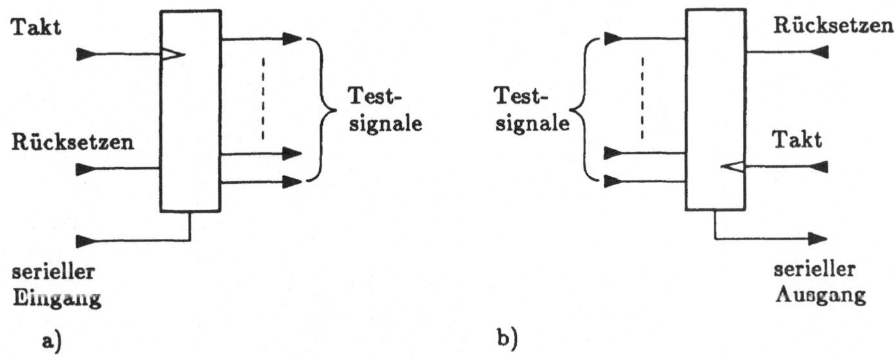

Bild 6.3: Verwendung von Schieberegistern

die Verwendung von Schieberegistern als zusätzliche Testhilfen. Eine beliebige Mischung beider Methoden ist denkbar, z.B. in der Form, daß im Testbetrieb ein Demultiplexer verwendet wird, um die Schieberegister zu laden.

Im Gegensatz zu den beschriebenen Methoden, mit denen einzelne Knoten zur Beobachtung herausgeführt werden bzw. steuerbar gemacht werden, stehen Verfahren, die durch zusätzliche Logik eine Schaltung in funktionale Module zerteilen. In Bild 6.4 werden Module durch zusätzliche Gatter, 'degating logic' genannt, voneinander separiert. Damit können die Testmöglichkeiten normalerweise verbessert werden. An dieser Stelle sind auch Bausteine wie die zuvor beschriebenen Multiplexer denkbar, die die Steuerbarkeit und Beobachtbarkeit der Moduleingänge und -ausgänge gewährleisten und bzgl. ihrer Testbarkeit verbessern.

6.1.2 Prüfbus

Ein in der Praxis häufig eingesetztes Verfahren zur Verbesserung der Testbarkeit sequentieller Schaltungen, das auch für Partitionierungszwecke verwendet werden kann, ist der sogenannte Prüfbus (*engl. scan-path*). Dieser stellt einen seriellen Pfad auf interne Knoten einer Schaltung bereit, der alle Speicherelemente, sowohl einzelne Flipflops als auch Register umfaßt und durch zusätzliche Logik zu einem Schieberegister zusammengeschaltet. Diese Schieberegister werden jedoch nur im Testbetrieb aktiv. In diesem Schiebebetrieb können über die seriellen Verbindungen der Schieberegister Daten in die internen Speicherelemente geladen werden, bzw. die Zustände der Speicherelemente ausgelesen werden. Durch den Prüfbus erhält man eine Schaltungsstruktur, die aus Schaltnetzen besteht, die

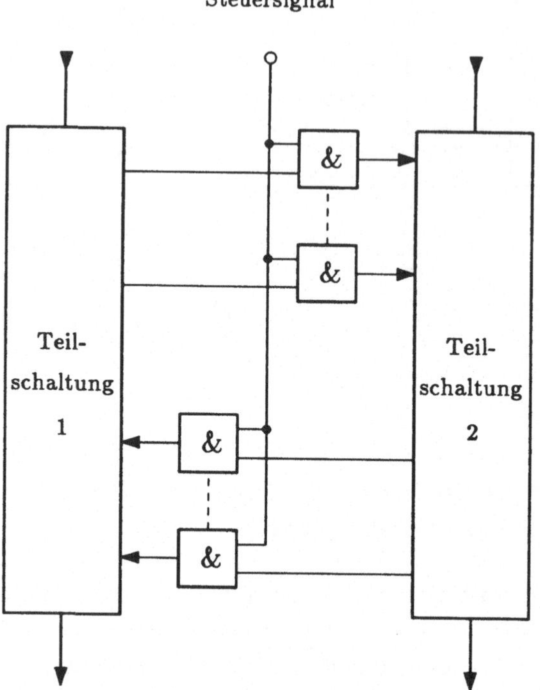

Bild 6.4: Partitionierung durch 'degating'

über Speicherelemente, die Elemente der Schieberegister sind, miteinander in Verbindung stehen. Während des Testablaufs reduziert sich die Testproblematik somit auf den Test reiner Schaltnetze, deren Ein- und Ausgänge über die Schieberegister erreichbar sind. Im normalen Arbeitsbetrieb zerfällt das Schieberegister in seine einzelnen Flipflops und Register.

Der Vorteil des Prüfbus liegt darin, daß durch das Zusammenschalten aller Speicherelemente zu einer oder mehreren Schieberegisterketten diese Speicher zu erreichbaren Knoten innerhalb der Schaltung werden. Dadurch bezieht sich der Test nur noch auf Schaltnetze und nicht mehr auf Schaltwerke, wenn man einen Selbsttest des Prüfbus voraussetzt. Ein weiterer Vorteil dieser Technik besteht darin, daß sehr wenige Zusatzanschlüsse benötigt werden. Diese reduzieren sich noch weiter, wenn Speicherelemente existieren, deren Ein- bzw. Ausgänge primäre Anschlüsse der Schaltung bzw. des Chips sind. Je nach Art der verwendeten Speicherelemente sind eventuell zusätzliche Takte einzuspeisen. Mindestens

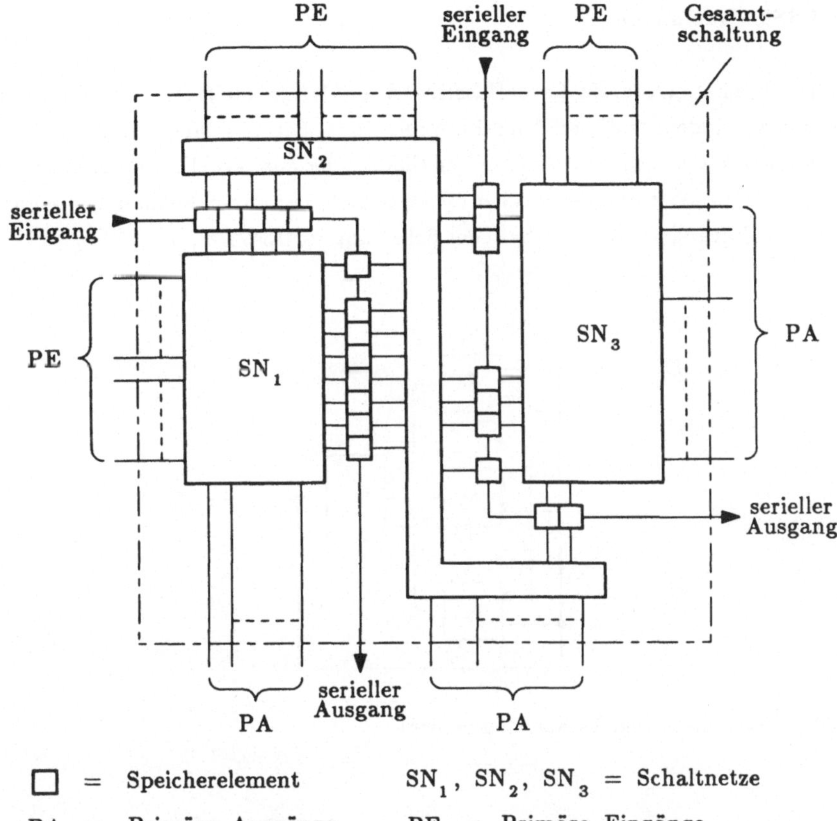

Bild 6.5: Schaltungsaufteilung mit Prüfbus

wird jedoch eine Steuerleitung benötigt, durch die vom Normalbetrieb auf den Testbetrieb umgeschaltet werden kann. Allerdings muß zusätzlicher Aufwand für die Logik der Schieberegisterelemente geleistet werden. Zu den vorhandenen Speicherelementen können noch weitere, nur für den Test benutzte Elemente in den Prüfbus eingebracht werden. Diese dienen dazu, die Testbarkeit der Schaltnetze an Stellen zu erhöhen, die sonst nicht oder nur schwer testbar wären. In Bild 6.5 ist eine Schaltungsaufteilung mit Prüfbus dargestellt.

6.1.3 LSSD–Verfahren

Das LSSD–Verfahren (Abk. für Level Sensitive Scan Design) stellt eine Weiterentwicklung des Prüfbus dar, indem es diesen Scan–Path mit einem *Level Sensitive Design* kombiniert. Es handelt sich dabei um eine Entwurfsmethodik, die eine synchrone Arbeitsweise der Schaltungen voraussetzt und bei welcher die logische Funktion unabhängig von Signallaufzeiten an den Eingängen und innerhalb der Schaltung ist [EiWi78], [Berg79], [WilPark79], [Will81].

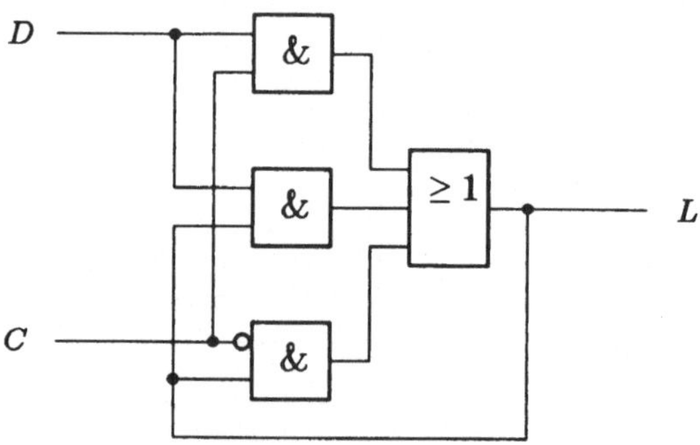

Bild 6.6: Zustandsabhängiges Speicherelement

Eine Schaltung heißt dann *laufzeitunabhängig*, wenn sie bei Änderung der Eingangssignale unabhängig von Anstiegs- und Abfallzeiten ein definiertes Verhalten zeigt. In Bild 6.6 ist ein Speicherelement dargestellt, dessen Speicherzustand nur vom Takt C abhängt. Ein derartiges statisches Flipflop zeigt ein laufzeitunabhängiges Verhalten.

Für das Verhalten der Schaltung aus Bild 6.6 gilt, daß der Ausgangswert L unverändert bleibt, so lange $C = 0$ ist. Nimmt dagegen C den Wert "1" an, so wird der am Eingang D anliegende Wert in das Flipflop übernommen. Die Zeiten, für die der Takt konstant "0" bzw. "1" sein muß, richten sich nach den Laufzeiten innerhalb der Schaltung. Sie sind so zu wählen, daß der Takt erst dann seinen Wert ändert, wenn sich alle Signale stabilisiert haben, um dynamische Effekte auszuschließen.

Für den Aufbau eines Prüfbus (Scan–Path) werden üblicherweise Vorspeicher–Flipflops zur Entkopplung der Schreib- und Lesevorgänge eingesetzt. In Bild 6.7 ist ein Speicherelement dargestellt, das nach diesem Prinzip arbeitet.

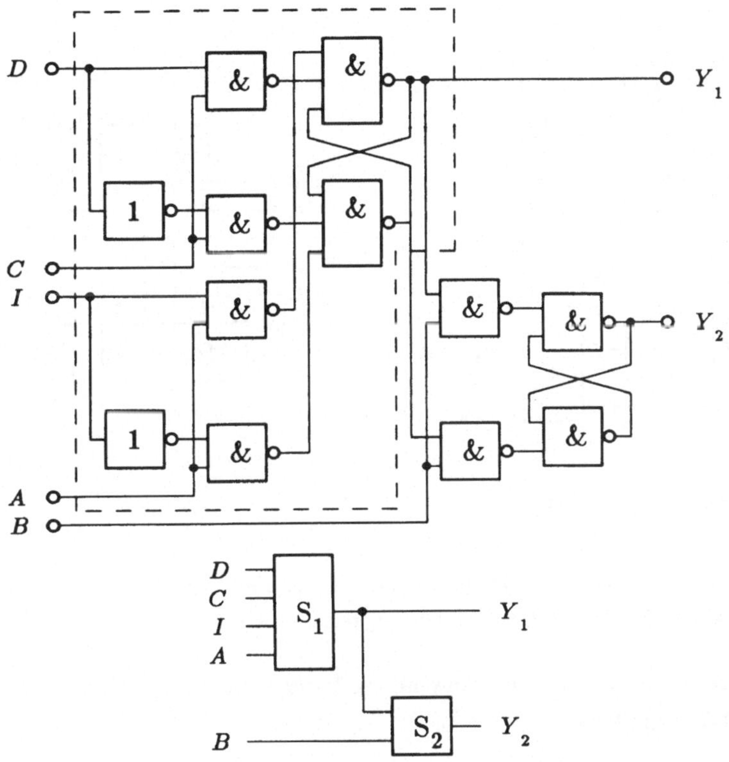

Bild 6.7: Zustandsgesteuertes Vorspeicher-Flipflop [EiWi78]

Die Eingänge D und C sind Daten- und Takteingang für den Normalbetrieb. Y_1 ist der Ausgang des ersten Speicherelements S_1. I und A sind jeweils die Daten- und Taktleitungen für die erste Stufe des Schieberegisterelements. B ist die Taktleitung der zweiten Stufe des Schieberegisterelements. Im Normalbetrieb können Y_1 oder Y_2 als Ausgänge des Speicherelements benutzt werden, je nachdem ob ein einfaches Speicherelement oder ein Element mit Vorspeicher-Eigenschaften benötigt wird.

Bei Verwendung innerhalb eines Schieberegisters werden die einzelnen Schieberegisterelemente entsprechend Bild 6.8 über den Ausgang Y_2 und den Eingang I der nächsten Stufe miteinander verkettet und durch die beiden sich nicht überlappenden Takte A und B gesteuert.

In Bild 6.8a ist die Verkettung mehrerer Schieberegisterelemente eines Moduls dargestellt, Bild 6.8b zeigt die Möglichkeit, die Schieberegisterketten mehrerer Module zu einer Schie-

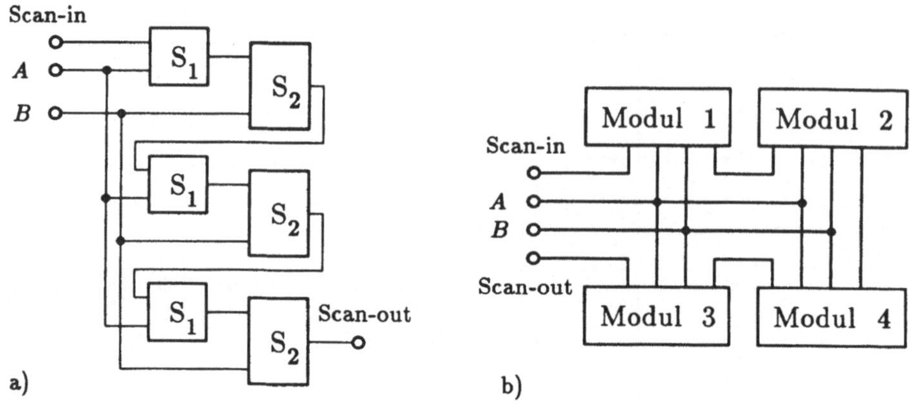

Bild 6.8: Schieberegisterketten

beregisterkette zu verschalten. In dieser Darstellung sind gegenüber Bild 6.7 die Daten- und Takteingänge für den Normalbetrieb weggelassen worden.

Eine beliebige Schaltung erhält bei Anwendung dieses Verfahrens prinzipiell das Aussehen, wie in Bild 6.9 dargestellt.

Der Test einer solchen Schaltung, die mit dem LSSD-Verfahren realisiert wurde, läuft dann nach folgendem Prinzip ab:

Sämtliche Ein- bzw. Ausgänge der Teilschaltnetze sind entweder von außen oder durch den Scan-Path steuerbar bzw. beobachtbar. Die Testmuster für die Schaltnetze werden erstellt. Für die Knoten innerhalb der Schaltung, also für alle Eingänge der Schaltnetze, die nicht gleichzeitig primäre Eingänge der Gesamtschaltung sind, müssen die Testmuster über den Scan-Path in die betreffenden Speicherelemente eingeschoben werden. Man benötigt dabei für jedes Element der jeweiligen Kette einen Schiebetakt. Dann führt man im Normalbetrieb der Schaltung genau einen Zyklus (Takt) aus. Über den Scan-Path können jetzt die Zustände der internen Speicherelemente ausgelesen werden.

Um Zeit zu sparen, kann während des Herausschiebens das nächste Testmuster gleichzeitig wieder hineingeschoben werden. Dies wird so lange wiederholt, bis alle Testmuster angelegt sind. Schließlich müssen noch während jedes Testzyklus oder am Ende des gesamten Tests die Ergebnisse auf Richtigkeit geprüft werden.

Das Verfahren hat den Vorteil, daß mit verhältnismäßig wenig Zusatzlogik und wenigen

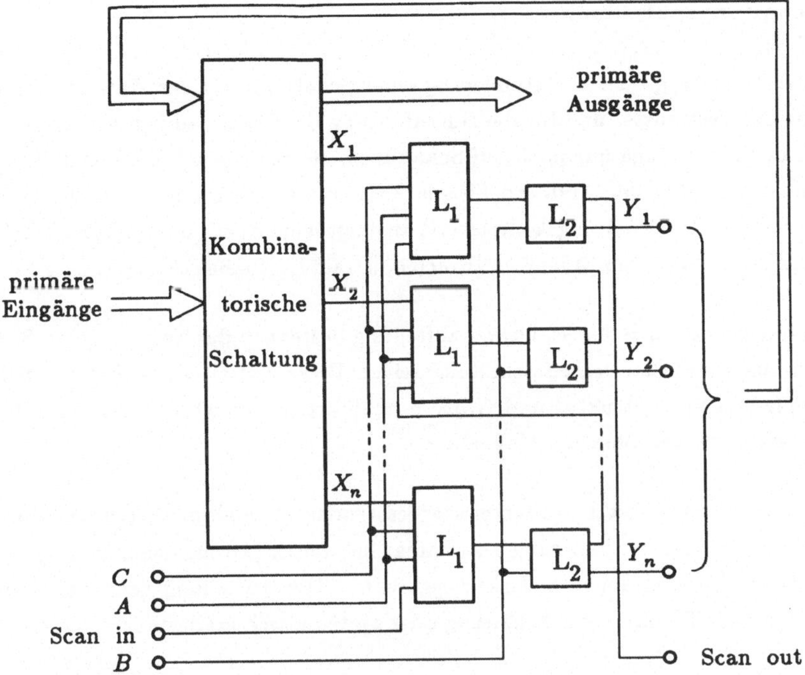

Bild 6.9: LSSD–Prinzip [EiWi78]

zusätzlichen externen Anschlüssen auszukommen ist. Jedoch muß der zeitliche Aufwand für die Testdurchführung berücksichtigt werden. Einerseits müssen die eigentlichen Testmuster der Schaltnetze in die Schieberegister hineingeschoben werden, andererseits müssen die Ergebnisse aus dem Schieberegister herausgeschoben und mit einem Sollwert verglichen werden. Dadurch wird die Testzeit gegenüber einer von außen vollständig testbaren Schaltung erhöht. Die Gesamttestzeit t_{ges} setzt sich dann zusammen aus:

$$t_{ges} = N \cdot T_Z + (N + 1)\, T_S \cdot L, \qquad (6.1)$$

wobei N die Anzahl der Testmuster, T_Z die Zeitdauer für einen Testzyklus, T_S die Zeitdauer für einen Schiebetakt und L die Länge der Schieberegisterkette ist.

6.2 Schaltungsaufteilung

Durch die Aufteilung oder Partitionierung einer Schaltung soll der Aufwand für die Generierung der Testmuster und für die Durchführung des Tests dadurch verringert werden, daß sich beide Vorgänge nur noch auf Schaltungsteile reduzierter Komplexität beziehen. Dadurch, daß sowohl der Aufwand für die Testmusterberechnung als auch die Testzeit exponentiell mit der Schaltungskomplexität ansteigt, sind durch diese Methode erhebliche Einsparungen zu erwarten [Akers77], [Brac69], [Brac71], [IbaSah75].

Eine grundlegende Form der Schaltungsaufteilung besteht in der Trennung von Speicherelementen und kombinatorischen Schaltungsteilen. Diese Aufteilung ist für jede Schaltung unabhängig von ihrer Struktur und Größe durchführbar. Sie ist Voraussetzung für einen Teil der testbarkeitserhöhenden Maßnahmen.

Für den sinnvollen Einsatz testbarkeitsverbessernder Maßnahmen ist unter Umständen eine weitergehende Partitionierung notwendig, bei der die Größe der Schaltung bzw. der entstehenden Teilschaltungen berücksichtigt wird. Die Aufteilung kann dabei entweder entsprechend der Funktion der Schaltung oder systematisch erfolgen.

Durch die Aufteilung einer Schaltung werden die internen Knoten, welche den Schaltungsteilen gemeinsam sind, zu primären Eingängen bzw. Ausgängen. Für kombinatorische Schaltungen hat dieses Vorgehen zur Folge, daß die entsprechenden Knoten tatsächlich nach außen geführt werden müssen. Bei sequentiellen Schaltungen hat man hingegen auch die Möglichkeit, einen zusätzlichen seriellen Pfad über vorhandene oder eingefügte Speicherelemente zu legen, so daß diese Elemente aus der Sicht der Tests wie primäre Ein- und Ausgänge zu behandeln sind.

Im folgenden soll ein systematisches Verfahren zur Schaltungspartitionierung vorgestellt werden, das eine gegebene Schaltung anhand ihrer Struktur partitioniert und dabei Kriterien der Testbarkeit zu berücksichtigen erlaubt. Die Testbarkeitsaspekte sollen bei diesem Vorgehen schon beim Entwurf berücksichtigt werden, so daß auch die Partitionierung unter dem Gesichtspunkt der Testbarkeit Teil des Entwurfs wird [Frank86].

Partitionieren einer Schaltung bedeutet, daß die Schaltung in Teilschaltungen oder Moduln zerlegt wird, die von der Komplexität her auf die Algorithmen der Testmustergenerierung zugeschnitten sind. Erwünscht ist dabei, daß die Anzahl der Moduln und vor allem die Anzahl der Verbindungen der Moduln untereinander zu einem Minimum werden. Für den Testbetrieb stellen diese Verbindungen nämlich Knoten dar, die aufgetrennt werden müssen, um die Moduln unabhängig voneinander zu machen. Der Begriff der Unabhängigkeit soll ausdrücken, daß die Moduln sich beim Test nicht gegenseitig beeinflussen, sondern daß sie sich getrennt voneinander testen lassen.

Die prinzipiellen Möglichkeiten für das Auftrennen von Leitungen oder Knoten zwischen Moduln sind schon im Rahmen der vorgestellten *ad-hoc Verfahren* zu Beginn dieses Kapitels erläutert worden. Das sind Verfahren, welche die Testbarkeit durch zusätzliche Testpunkte erhöhen, z.B. durch Brücken, die aufgetrennt werden können oder durch zusätzliche logische Elemente. Jedoch stellen diese ad-hoc Verfahren keine systematische, für jeden Schaltungstyp anwendbare Vorgehensweise dar. Zum Beispiel können in einer integrierten Schaltung keine Brücken untergebracht werden, die für den Testbetrieb vorübergehend mechanisch aufgetrennt werden. Das Degate-Verfahren ermöglicht zwar, zwei Moduln an einem gemeinsamen Knoten zu entkoppeln, aber der Knoten ist als Ausgang des einen Moduls nicht beobachtbar und als Eingang des anderen Moduls nicht vollständig steuerbar. Durch das Steuersignal am zusätzlichen Gatter kann der Knoten nur auf einen der beiden Werte 0 oder 1 gesteuert werden.

Bei dem im folgenden betrachteten Verfahren wird die Scan-Path-Methode verwendet, um eine systematische Partitionierung von digitalen Schaltungen unter dem Gesichtspunkt der Testbarkeit zu gewährleisten. Dabei wird in zwei Stufen vorgegangen, die nachfolgend im einzelnen erläutert werden.

In der ersten Stufe werden durch die Anwendung des Scan-Path-Prinzips die rein kombinatorischen Schaltungsteile von den Speicherelementen getrennt. Sämtliche Speicherelemente werden so entworfen, daß sie im Testbetrieb zu einer oder mehreren Schieberegisterketten zusammengeschaltet werden können. Der Anfang und das Ende einer Schieberegisterkette ist jeweils über einen primären Ein- und Ausgang erreichbar, d.h. steuer- und beobachtbar. Das Ergebnis des ersten Partitionierungsschritts entspricht einer Struktur, wie sie in Bild 6.5 schon dargestellt wurde. Die Unterscheidung von Normalfunktion und Testbetrieb läßt sich durch den Einsatz spezieller Speicherelemente realisieren, wie es beispielhaft für ein D-Flip-Flop in Bild 6.10 dargestellt ist.

Dieses Speicherelement hat im Normalbetrieb, in dem die Steuerleitung *Scan* inaktiv ist, die Funktion eines D-Flipflop mit D-Eingang, den Ausgängen Q und QN und dem Takteingang C. Im Testbetrieb ist die Steuerleitung *Scan* aktiv, wodurch Daten über den Eingang *Scan-in* übernommen werden und über den Ausgang *Scan-out* weitergegeben werden. *Scan-out* darf mit dem Ausgang Q identisch sein. Die Speicherelemente werden nun über *Scan-in* und *Scan-out* verbunden, jeweils ein *Scan-out*-Ausgang mit dem *Scan-in*-Eingang

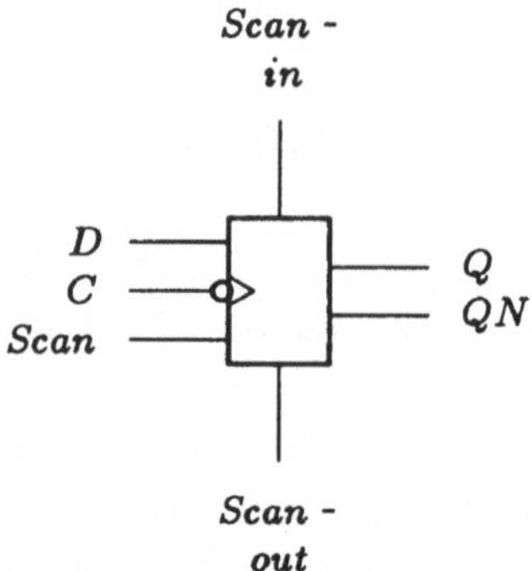

Bild 6.10: Speicherelement für die Partitionierung

des in der Schieberegisterkette nachfolgenden Speicherelements. Diese Schaltungsstruktur bewirkt, daß die Speicherelemente im Normalbetrieb logisch getrennt sind. Es existieren nur die Verbindungen, die für die Ausführung ihrer normalen Funktion nötig sind. Im *Test-* bzw. *Scan-Betrieb* sind die Speicherelemente zu einem Schieberegister zusammengeschaltet, das durch den gemeinsamen zentralen Takt gesteuert wird.

Alle Speicherelemente innerhalb der Schaltung stellen somit über die Schieberegisterkette erreichbare Knoten dar. Über sie können Testvektoren in die Schaltung eingebracht werden und Testergebnisse wieder ausgelesen werden. Unter der Voraussetzung, daß nur synchrone Speicherelemente verwendet werden, die sich in eine Schieberegisterkette integrieren lassen, wird das Problem des Tests bzw. der Testmustergenerierung auf den Test reiner Schaltnetze reduziert.

Die beschriebene Vorgehensweise impliziert einen dem LSSD-Verfahren ähnlichen Ansatz. Es muß eine völlig synchrone hazardfreie Schaltung entworfen werden, die unabhängig von dynamischen Elementen, wie Laufzeit, Taktfrequenz usw. ist. Diese Voraussetzung ist nötig, damit sich das Verhalten der Schaltung im realen Betrieb und im Test nicht voneinander unterscheidet. Denn während des Tests werden die zeitlichen Abläufe durch die zusätzlichen Schiebeoperationen beeinflußt.

Die Testkomplexität wird durch dieses Vorgehen wesentlich reduziert, da zeitliche Elemente nicht mehr berücksichtigt werden müssen, wenn man vom Selbsttest des Scan-Path absieht. Die rein kombinatorischen Schaltungselemente enthalten keine Speicher, deren Vorgeschichte und Zustand im Test zu berücksichtigen ist. Das bedeutet, daß für den Test eines bestimmten Fehlers nur ein einziges Testmuster angelegt werden muß, sofern

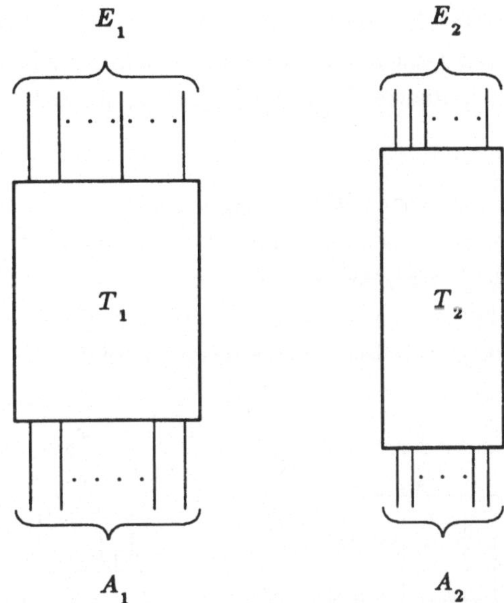

Bild 6.11: Unabhängige Teilschaltnetze T_1 und T_2

es existiert. Alle Bedingungen, welche die Werte anderer Knoten betreffen, müssen durch primäre Eingänge oder Zustände der Speicherelemente in der Schieberegisterkette eingestellt werden.

Der Selbsttest der Schieberegister kann durchgeführt werden, indem eine bestimmte Kombination von *Nullen* und *Einsen* über den *Scan-in*-Eingang in die Speicherelemente geladen wird. Dann wird dieser Inhalt über den *Scan-out*-Ausgang ausgelesen und mit dem Sollwert verglichen.

Somit wird in der ersten Stufe der Partitionierung die Schaltung in Speicherelemente und *reine* Schaltnetze zerlegt.

Die Schaltnetze, die bei dem ersten Partitionierungsschritt entstehen, sind die Ausgangsbasis für die weitere Partitionierung. Dabei ist die Testbarkeit dieser Schaltungen Grundlage weitergehender Maßnahmen. Die Testbarkeit soll garantiert werden, indem die Schaltnetze so aufgeteilt werden, daß der Aufwand für den Test ein vorgegebenes Maß nicht überschreitet. Das Aufteilen eines Schaltnetzes bedeutet in diesem Zusammenhang, daß für Testzwecke aus einem vorgegebenen Schaltnetz mehrere voneinander unabhängige Teilschaltnetze erzeugt werden.

Zwei Teilschaltnetze T_1 und T_2, wie in Bild 6.11 dargestellt, heißen dann *unabhängig* voneinander, wenn sie keine gemeinsamen Knoten besitzen. Das bedeutet, daß keiner der Ausgänge $a_i \epsilon A_1$ des Teilschaltnetzes T_1 ein Eingang $e_i \epsilon E_2$ des Teilschaltnetzes T_2 sein darf und umgekehrt.

Der Test einer gesamten Schaltung läßt sich systematisch an einen vorhandenen Algorithmus zur Testmusterberechnung anpassen, wenn der vorgesehene Komplexitätsgrad der Teilschaltnetze nach Bedarf vorgegeben werden kann. Um den Komplexitätsgrad der Testmusterberechnung eines bestimmten Teilschaltnetzes zu beeinflussen, müssen entsprechend große bzw. kleine unabhängige Teilschaltnetze erzeugt werden.

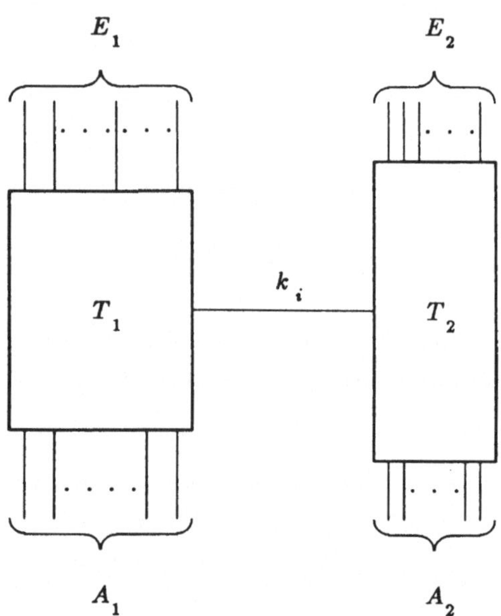

Bild 6.12: Teilschaltnetze T_1 und T_2 mit Verbindungsknoten k_i

Teilschaltnetze, die durch Aufteilen eines gesamten Schaltnetzes entstehen, sind im allgemeinen Fall nicht unabhängig voneinander, da sie untereinander Verbindungen besitzen. Diese Abhängigkeit läßt sich wie in Bild 6.12 angegeben darstellen. Der Knoten k_i stellt die Verbindung dar, welche die beiden Teilschaltnetze T_1 und T_2 gemeinsam haben. Dabei sei willkürlich angenommen, daß k_i Ausgang von T_1 und Eingang von T_2 ist.

Diese Verbindung muß im Normalbetrieb, wie in Bild 6.12 dargestellt, bestehen bleiben, um die gewünschte Funktion zu gewährleisten. Für den Test jedoch ist dieser Knoten k_i aufzutrennen, um die Unabhängigkeit der beiden Teilschaltnetze T_1 und T_2 zu erzeugen.

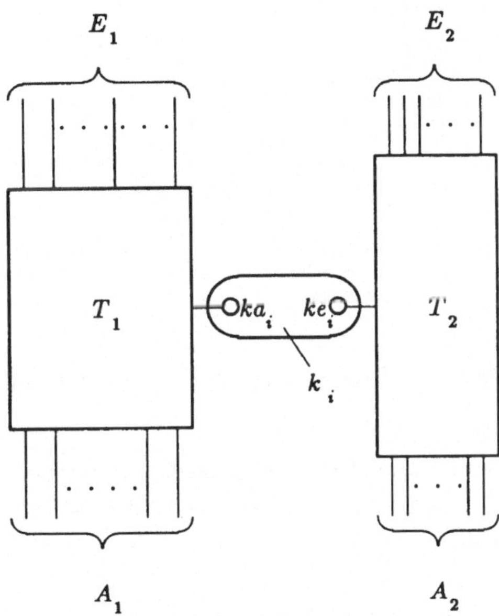

Bild 6.13: Teilschaltnetze mit aufgetrenntem Knoten k_i

Wie in Bild 6.13 dargestellt, erhält dann das Teilschaltnetz T_1 einen weiteren quasi-primären Ausgang ka_i und das Teilschaltnetz T_2 einen weiteren Eingang ke_i. Im Normalbetrieb fallen ka_i und ke_i zu einem Knoten k_i zusammen.

Dieser Knoten k_i muß einerseits als primärer Ausgang ka_i des Teilschaltnetzes T_1 vollständig beobachtbar und andererseits als primärer Eingang ke_i vollständig steuerbar sein.

Da der Knoten k_i für den Testbetrieb eine Hilfs- oder Zwischenvariable darstellt, wird im folgenden der Begriff Zwischenvariable in diesem Sinn verwendet. Er soll veranschaulichen, daß dem Knoten, der durch eine Zwischenvariable ersetzt wird, Werte zur Steuerung des Knotens zugewiesen werden können, bzw. daß Testergebnisse zur Beobachtung des Knotens ausgelesen werden können. Diese Funktion wird nur im Testbetrieb wahrgenommen, im Normalbetrieb muß sie transparent sein.

Eine Zwischenvariable läßt sich in der Scan-Path-Methode dadurch realisieren, daß zusätzliche Speicherelemente für diesen Knoten vorgesehen werden. Diese Speicherelemente

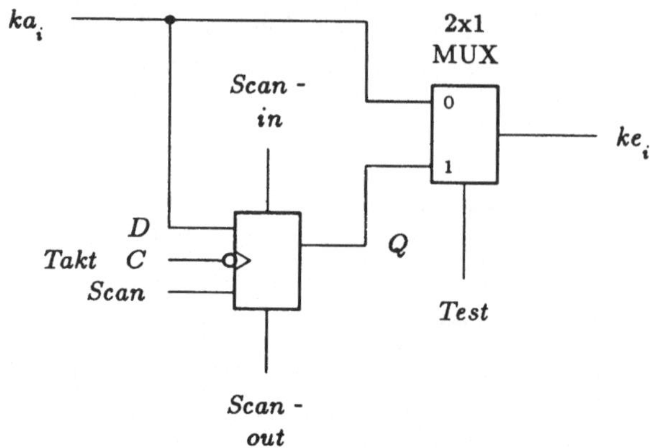

Bild 6.14: Speicherelement zur Realisierung einer Zwischenvariable für den Testbetrieb

können im Testbetrieb in den Scan-Path mit eingegliedert werden und bewirken, daß der Knoten k_i direkt steuer- und beobachtbar ist. In Bild 6.14 ist als Beispiel ein solches Speicherelement angegeben.

Im Normalbetrieb ist die Steuerleitung *Test* inaktiv, wodurch ka_i nach ke_i durchgeschaltet wird. Die Teilschaltnetze T_1 und T_2 sind dann über den Knoten k_i miteinander verbunden. Die zusätzliche Testlogik ist von der Funktion her transparent, lediglich die Verzögerungszeit, die durch den Multiplexer verursacht wird, muß gegenüber einer Schaltung ohne Zwischenvariable berücksichtigt werden.

Im Testbetrieb wird die Steuerleitung *Test* aktiv, so daß ka_i und ke_i durch die Zwischenvariable, welche das Speicherelement darstellt, getrennt werden. Im Schiebebetrieb kann das zusätzliche Speicherelement mit dem Wert der Zwischenvariablen vorbelegt werden. ke_i ist damit über Q direkt steuerbar. ka_i läßt sich über den D-Eingang des Speicherelements und die Schieberegisterkette beobachten.

Nach der oben beschriebenen Methode lassen sich beliebige durch Partitionierung entstandene Teilschaltnetze unabhängig voneinander betreiben, so daß sie auch getrennt voneinander getestet werden können. Auch Schaltungsabhängigkeiten, die den Test negativ beeinflussen, wie Redundanzen, lassen sich durch die beschriebene Methode eliminieren. Im Testbetrieb wird dann der zugehörige Pfad durch eine Zwischenvariable aufgetrennt. Damit läßt sich der sonst nicht testbare redundante Schaltungsteil getrennt von der übrigen Schaltung testen.

Die Fehlerlokalisierung verbessert sich wesentlich durch das Erzeugen unabhängiger Teilschaltungen, da sie getrennt voneinander geprüft werden. Bei Auftreten eines Fehlers läßt sich das betreffende fehlerhafte Schaltnetz sofort identifizieren. Man kann die Fehler in dem betreffenden Teilschaltnetz dann durch Anlegen weiterer Testmuster genauer diagnostizieren.

Zur Anwendung der Methode der Partitionierung von digitalen Schaltungen wird ein Algorithmus benötigt, der den Komplexitätsgrad der Teilschaltungen dem vorgegebenen Bedarf, z.B. einem Testmustergenerator, anpaßt. Dieser Algorithmus muß auf systematische Weise aus einer Gesamtschaltung die einzelnen Teilschaltnetze aussuchen und damit die benötigten zusätzlichen Zwischenvariablen festlegen. In der Literatur werden Verfahren für die Partitionierung von Schaltungen beschrieben, die das Ziel haben, die Schaltungen in Module zu zerteilen, damit sie auf einzelnen gedruckten Schaltungen oder Chips untergebracht werden können. Dabei werden für die Aufteilung der Flächenbedarf bzw. die Anzahl der Verbindungen der Module untereinander berücksichtigt [DoHo77], [Breu72].

Im folgenden wird ein Verfahren für die Partitionierung von digitalen Schaltungen aufgezeigt, das Kriterien wie Testbarkeit und die Anzahl der Zwischenvariablen berücksichtigt. Es wird ein Algorithmus beschrieben, mit dessen Hilfe eine Schaltung systematisch partitioniert werden kann, um die Testbarkeit der Schaltung zu gewährleisten bzw. zu erhöhen.

Zuerst wird die Clusteranalyse als Grundlage eines Partitionierungsalgorithmus vorgestellt. Die Testbarkeit einer Schaltung wird durch Testbarkeitsmaße beschrieben, die in den vorhergehenden Kapiteln bereits eingeführt worden sind. Der Partitionierungsalgorithmus wird dann um Testbarkeitskriterien erweitert, um die Schaltungsaufteilung unter Testbarkeitsgesichtspunkten vorzunehmen.

6.2.1 Die Clusteranalyse

Bei der Clusteranalyse handelt es sich um ein allgemeines Verfahren zur Objektklassifizierung und Datenreduktion [Späth77]. Es ist unter anderem auch als Hilfsmittel zur Partitionierung von Schaltungen geeignet [Hil81]. Dabei können Optimalitätskriterien einbezogen werden, wie sie z.B. bei der Plazierung einer Schaltung unter Berücksichtigung des Platzbedarfs und der Anzahl der Verbindungen auftreten.

Von der Partitionierung her gesehen sind digitale Schaltungen ganz allgemein n beliebig attributierte Elemente, die auf vorgegebene Weise untereinander verbunden sind, z.B. durch

Leitungen. Die zu diesen Elementen gehörenden verschiedenartigen Attribute können z.B. der Flächenbedarf, der Stromverbrauch oder auch eine Klassifizierung als bestimmter Schaltungstyp usw. sein. Anhand dieser Attribute soll eine günstige Partitionierung vorgenommen werden.

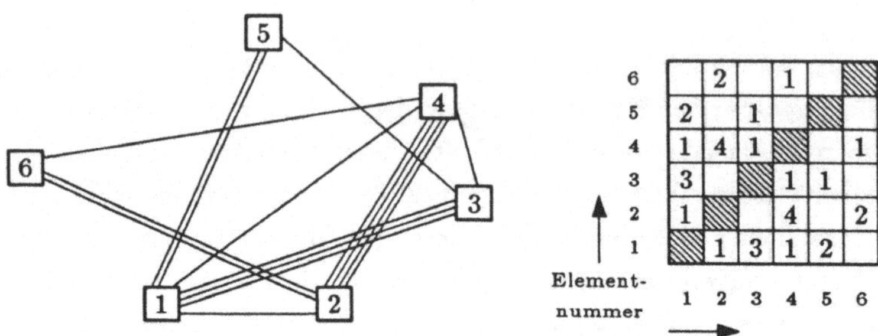

Bild 6.15: Verbindungsmatrix eines Systems mit Elementen

Bei der in [Hil81] angegebenen Vorgehensweise wird zuerst eine sogenannte Verbindungsmatrix V des Systems aufgestellt. Dabei werden sämtliche Schaltungselemente in beliebiger Reihenfolge den Spalten bzw. Zeilen einer quadratischen Matrix zugeordnet, wobei jeweils die i-te Zeile und die i-te Spalte dem i-ten Element zugeordnet werden. Dann wird in den Matrixelementen selbst, in den Schnittpunkten von Zeile i und Spalte j, die Anzahl der Verbindungen zwischen dem Element i und dem Element j eingetragen. In Bild 6.15 ist als Beispiel ein System bestehend aus 6 Elementen und der dazugehörigen Verbindungsmatrix V angegeben ($n = 6$, $1 \leq i \leq n$, $1 \leq j \leq n$).

Da in dieser Matrix V die Anzahl der Verbindungen von Element i nach Element j gleich der von j nach i ist, gilt für ein Matrixelement $v(i,j) = v(j,i)$ und es ergibt sich eine zur Diagonalen symmetrische Matrix. In Bild 6.15 ist z.B. $v(1,5) = v(5,1) = 2$. Die Elemente der Diagonalen, d.h. die Elemente, für die Spalten- und Zeilenindex identisch sind, werden schraffiert. Diese Elemente stellen innere Verbindungen des Moduls mit dem Index i dar. Das angewandte Verfahren geht von diesen einzelnen Moduln oder Schaltungsteilen, also von der völlig aufgeteilten Schaltung aus und versucht jeweils zwei Elemente zusammenzufügen. In der Clusteranalyse nennt man dieses Vorgehen ein agglomeratives Verfahren. Im Gegensatz dazu stehen die divisiven, d.h. zerteilenden Verfahren, die von der Gesamtheit der Elemente ausgehen.

Die Clusterbildung zweier Elemente erfolgt, indem man jeweils Zeilen und Spalten der beiden Elemente aufaddiert und zwar komponentenweise. Dabei verschwinden die Verbin-

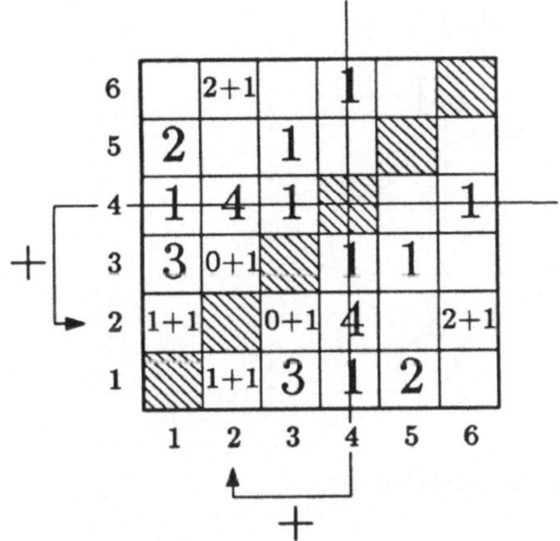

Bild 6.16: Bildung eines Clusters aus zwei Elementen

dungen, die auf ein diagonales Element aufaddiert werden, da sie zu inneren Verbindungen des neu entstehenden Elementes werden. Die Addition der Zeilen und Spalten der Elemente 4 und 2 aus Bild 6.15 ist in Bild 6.16 dargestellt.

In Bild 6.16 wird ein Cluster aus Element 2 und Element 4 gebildet, indem komponentenweise Spalte 4 zu Spalte 2 und Zeile 4 zu Zeile 2 addiert wird. Die vier gemeinsamen Verbindungen von Element 2 und Element 4 verschwinden in der Matrix V, da sie zu internen Verbindungen des Clusters $\{2,4\}$ werden. Die Verbindungen der beiden Elemente mit anderen werden jeweils zusammengefaßt. In Bild 6.16 hat z.B. Element 1 jeweils eine Verbindung zu Element 2 und Element 4. Folglich besitzt Element 1 zwei Verbindungen zum Cluster $\{2,4\}$.

Bei der Clusterbildung ist jeweils zu prüfen, ob nach dem Zusammenfügen irgendwelche Kriterien, die Attribute der Elemente betreffen, verletzt werden. Kriterien können z.B. die maximale Anzahl der Elemente eines Moduls oder die maximale Fläche, die einem Modul zu Verfügung steht, sein. Ist ein solches Kriterium verletzt, muß der Versuch, die beiden Elemente zusammenzufügen, wieder rückgängig gemacht werden. Für diesen sehr einfachen Algorithmus wird eine Vorgehensweise angegeben, die von der Darstellung der Verbindungsmatrix ausgeht.

Als Ergebnis der Partitionierung ergibt sich eine Struktur, wie sie beispielhaft in Bild 6.17 dargestellt ist. Partitioniert wurde so, daß die Anzahl der aufzutrennenden Verbindungen minimal wird. Die Größe der zulässigen Partitionen hängt dabei von anderen Kriterien,

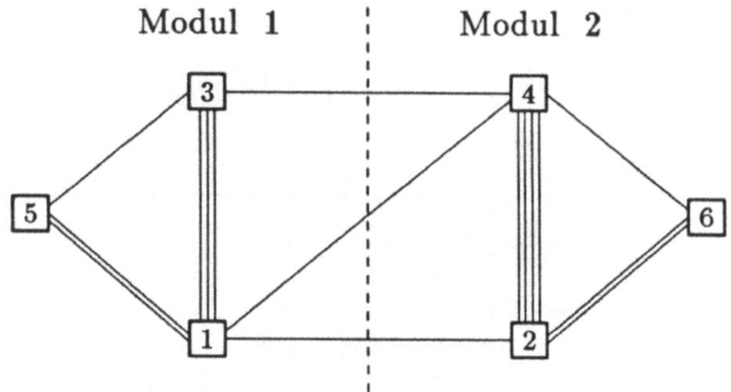

Bild 6.17: Ergebnis der Partitionierung

wie z.B. dem Aufwand für die Testmustergenerierung ab.

Um den Algorithmus an spezielle Erfordernisse anzupassen, sind mehrere Varianten denkbar:

1. Die Module sollen gleichmäßig anwachsen. Dies wird erreicht, indem jeweils Paare von Elementen gebildet werden und dann von diesen Paaren wieder Paare u.s.w. Dadurch wird erreicht, daß sich die Anzahl der Elemente pro Modul möglichst wenig unterscheidet.

2. Zum anderen kann versucht werden, ein Cluster so zu bilden, daß es eine bestimmte maximale Größe erreicht hat, bevor mit dem nächsten begonnen wird. Eine Alternative ist, daß man bei gleichen maximalen Werten das jeweils jüngste Element zur Verschmelzung auswählt.

3. Weiter kann der umgekehrte Fall sinnvoll sein, daß jeweils das älteste Modul als erstes zur Verschmelzung herangezogen wird. Dies hat zur Folge, daß die einzelnen Module wiederum gleichmäßig anwachsen.

Zur rechnergestützten Analyse wird der Algorithmus modifiziert. Da die Matrix zur Diagonalen symmetrisch ist, wird nur die eine Hälfte zur Berechnung herangezogen. Die Elemente werden durchnumeriert und die Verbindungen untereinander jeweils vom Element mit der kleineren Nummer zum Element mit der größeren Nummer gerichtet. Wird dies z.B. in die untere Hälfte der Matrix eingetragen, so stehen in den Zeilen die Elemente, von denen die Pfeile ausgehen, und in den Spalten die Elemente, zu denen die Pfeile gerichtet sind.

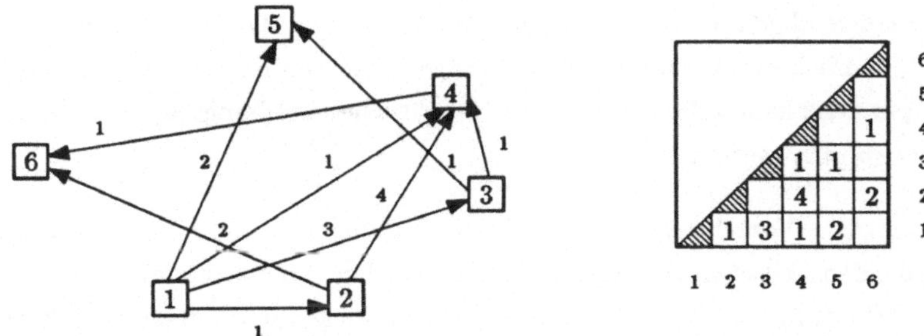

Bild 6.18: Modifizierte Verbindungsmatrix für ein System mit gerichteten Verbindungen

In Bild 6.18 wird die Verbindungsmatrix V für das Beispiel aus Bild 6.17 in dieser Form gezeigt.

Die Abbildung einer Schaltungsstruktur ohne Rückkopplung auf die Verbindungsmatrix kann problemlos vorgenommen werden, indem die Richtungsbeziehungen von Ausgängen zu Eingängen berücksichtigt werden, wodurch sich auch eine natürliche Reihenfolge der Durchnumerierung der Elemente der Matrix ergibt. Diese Eingangs- und Ausgangsbeziehungen sind wichtig, um bei der Partitionierung von Schaltungen systematisch vorgehen zu können.

Folgende zwei Varianten des Clusterverfahrens sind denkbar:

1. Man versucht, bevorzugt die Elemente mit dem Modul zu verschmelzen, die mit den Eingängen verbunden sind, bevor man die Ausgangsverbindungen weiter verfolgt. Hierdurch werden breite bzw. baum- oder kegelartige Schaltungsteile erzeugt.

2. Es werden zuerst die Verbindungen der Ausgänge verfolgt, um möglichst schnell zu einem primären Ausgang zu gelangen. Hierdurch entstehen lange, schmale Aneinanderreihungen von Schaltungsteilen.

6.2.2 Partitionierung durch Clusterbildung

Die dargestellte Art der agglomerativen Clusteranalyse ist ein Hilfsmittel, mit dem verschiedene Teilschaltungen aus einer Gesamtschaltung erzeugt werden können. Sie geht von der sehr einfachen und anschaulichen Verbindungsmatrix aus. Diese Verbindungsmatrix enthält die notwendigen Strukturaussagen einer Schaltung, die für die Verschmelzung relevant sind, nämlich die Anzahl der Verbindungen zwischen betrachteten Elementen. Die Verbindungsmatrix kann sehr leicht aus der Strukturbeschreibung der Schaltung, z.B. der Netzliste, gewonnen werden.

Die agglomerative Vorgehensweise bewirkt, daß elementare logische Schaltungsteile zu größer werdenden Teilschaltungen verschmolzen werden. Im Extremfall sind die logischen Gatter der Schaltung die elementaren Teile, von denen bei der Clusterbildung ausgegangen wird. Man beginnt so mit Teilschaltungen geringer Komplexität und erzeugt beim Fortschreiten des Algorithmus stetig umfangreicher werdende Schaltungsteile.

Der Berechnungsaufwand einer Reihe wichtiger Entwurfsschritte, wie z.B. der Testmustergenerierung oder dem Auffinden von redundanten Knoten usw. steigt im allgemeinen Fall exponentiell mit der Schaltungsgröße an. Daher ist es sinnvoll, die Partitionierung anhäufend vorzunehmen, statt zu versuchen, die gesamte komplexe Schaltung günstig zu zerteilen. Die Berechnungsschritte für "kleine" Teilschaltungen lassen sich mit geringerem bzw. noch "vernüftigem" Aufwand vornehmen. Die unscharfen Formulierungen, die in "klein" bzw. "vernünftig" enthalten sind, lassen sich einfach konkretisieren, indem z.B. die Clusterbildung der Schaltungsteile jeweils so lange fortgesetzt wird, bis die Berechnungskomplexität eine vorgegebene Schranke erreicht.

Wie im vorhergehenden Kapitel ausgeführt wurde, wird für die Partitionierung ein Kriterium benötigt, mit dessen Hilfe entschieden werden kann, ob eine von den Verbindungen her mögliche (und wünschenswerte) Clusterbildung vorgenommen werden darf oder nicht. Es muß also entschieden werden, wann ein Modul seine maximale Größe erreicht hat.

Bei der Partitionierung von Schaltungen unter dem Aspekt der Testbarkeit bzw. der Ausführung des Schaltungstests, erscheint es sinnvoll, die Testbarkeit bzw. den Aufwand für Testmustererzeugung und Test der gegebenen Schaltung als Kriterium für die Clusterbildung heranzuziehen. Es muß dafür in jeder Phase der Clusterbildung die Schaltung auf ihre Testbarkeit hin untersucht werden.

Eine Möglichkeit, die Testbarkeit eines Clusters zu ermitteln, besteht darin, daß man eine vollständige Testmenge des betreffenden Moduls zu erzeugen versucht. Existieren für alle betrachteten Fehler des Moduls Testmuster, so ist es testbar. Beim Verschmelzen zweier Elemente werden die Verbindungen, die diese beiden Elemente gemeinsam haben, zu internen Verbindungen des neu entstehenden Elements. Die Testbarkeit des neuen Moduls muß ermittelt werden und es muß entschieden werden, ob die Clusterbildung stattfinden darf oder nicht, je nachdem ob das Testbarkeitskriterium verletzt wird oder nicht.

Die Verbindung zweier Module bzw. Teilschaltungen, die nicht zu einem Cluster zusammengefaßt werden dürfen, müssen durch Zwischenvariable ersetzt werden. Das bedeutet, daß im Testbetrieb die Schaltung an diesen Verbindungen aufgetrennt wird, um den betreffenden Schaltungsknoten durch ein in eine Schieberegisterkette eingebettetes Speicherelement zugänglich zu machen.

Beim Erzeugen einer vollständigen Testmenge für eine Teilschaltung kann ein Test für einen bestimmten Fehler eines Schaltungsknotens dann nicht gefunden werden, wenn der Knoten durch Redundanz nicht vollständig prüfbar ist, oder wenn die Berechnungskomplexität so hoch ist, daß sie eine vorgegebene Grenze überschreitet. Der letztere Fall führt jedoch zu erheblichen Problemen bei der Realisierung, zumal man unter Umständen eine Berechnung abbricht, obwohl sie kurz vor dem Ende steht. Andererseits kann eine vollständige Berechnung den vorgegebenen Zeitrahmen möglicherweise um ein Vielfaches überschreiten. Insofern ist es sinnvoll, an dieser Stelle eine weniger komplexe Berechnung durchzuführen, die eine vernünftige Abschätzung über den tatsächlich zu erwartenden Berechnungsaufwand gibt.

Als Lösung bietet sich an, für eine gegebene Schaltung bzw. für die gegebenen Cluster von Schaltungsteilen ein Testbarkeitsmaß einzuführen. Dieses Testbarkeitsmaß soll eine möglichst genaue Aussage darüber liefern, wie gut bzw. mit welchem Aufwand ein bestimmter Knoten oder Schaltungsteil in der Schaltung testbar ist. Im konkreten Fall sagt das Testbarkeitsmaß für ein reines Schaltnetz aus, ob ein Knoten überhaupt testbar ist und mit welchem Aufwand es voraussichtlich verbunden ist, Testmuster für die betrachteten Fehler des Knotens zu erzeugen.

Eine der Methoden, die Testbarkeit einer Schaltung abzuschätzen, wurde bereits in Form der Goldsteinschen Testbarkeitsmaße eingeführt. Für die Partitionierung sind davon nur die kombinatorischen Maße von Bedeutung. Wie schon gesagt, handelt es sich bei den Testbarkeitsmaßen um eine Abschätzung des Aufwandes für die Testmustergenerierung, die nicht in allen Fällen den tatsächlichen Aufwand widerspiegelt. Diesen kennt man jedoch erst, wenn man die Testmusterberechnung tatsächlich durchgeführt hat. Wenn man also von den Testbarkeitsmaßen ausgeht, muß man berücksichtigen, daß man Vorteile bei der Berechnung (lineare Abhängigkeit) gegen Ungenauigkeiten des Verfahrens eintauscht.

Die Testbarkeitsanalyse allein wird in der Literatur als Grundlage eines strukturierten Entwurfs für gut testbare Schaltungen angesehen [Hess 82]. In Kombination mit der Clusteranalyse stellt sie ein Maß für die Bildung gut testbarer Teilschaltungen bereit und erlaubt so eine systematische Partitionierung, ohne zuvor die Testmuster berechnen zu

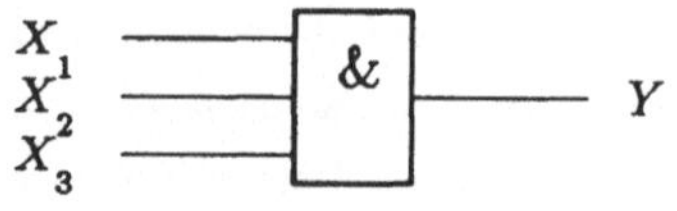

Bild 6.19: UND-Gatter mit drei Eingängen

müssen.

Ausgangspunkt für die Darstellung der Testbarkeitsattribute eines Knotens ist eine Matrixschreibweise, wie sie beispielhaft für das UND–Gatter aus Bild 6.19 in Gleichung 6.2 darstellt ist.

$$\begin{pmatrix} CC^0(Y) \\ CC^1(Y) \end{pmatrix} = \begin{pmatrix} 1 & 0 & 0 & 0 & 0 & 0 & 1 \\ & & & \text{min} & & & \\ 0 & 0 & 1 & 0 & 0 & 0 & 1 \\ & & & \text{min} & & & \\ 0 & 0 & 0 & 0 & 1 & 0 & 1 \\ & & & & & & \\ 0 & 1 & 0 & 1 & 0 & 1 & 1 \end{pmatrix} \cdot \begin{pmatrix} CC^0(X_1) \\ CC^1(X_1) \\ CC^0(X_2) \\ CC^1(X_2) \\ CC^0(X_3) \\ CC^1(X_3) \\ 1 \end{pmatrix} \tag{6.2}$$

Dabei wird, um die links neben dem Gleichheitszeichen stehende erste Vektorkomponente zu berechnen, das Skalarprodukt zwischen dem ersten Zeilenvektor und der rechts stehenden Spaltenmatrix gebildet. Trifft man beim weiteren Vorgehen auf das Zeichen "min", so wird die Berechnung mit dem nächsten Zeilenvektor nochmals durchgeführt und das Minimum mit dem zuvor berechneten Wert gebildet. Ansonsten wird mit der Berechnung der nächsten Vektorkomponente fortgefahren. Bemerkenswert ist hier, daß in der Matrix entweder nur Nullen, Einsen oder das Zeichen "min" vorkommen. Dies gilt für sämtliche Bausteine, die nur einer kombinatorischen Stufe entsprechen.

Bezieht man in Gleichung 6.2 die Beobachtbarkeitsmaße mit ein, so erhält man für das oben angegebene UND-Gatter die Matrixschreibweise für die kombinatorischen Testbarkeitswerte in Gleichung 6.3.

$$\begin{pmatrix} CC^0(Y) \\ CC^1(Y) \\ CO(X_1) \\ CO(X_2) \\ CO(X_3) \end{pmatrix} = \begin{pmatrix} 0 & 1 & 0 & 0 & 0 & 0 & 0 & 1 \\ \multicolumn{8}{c}{\min} \\ 0 & 0 & 0 & 1 & 0 & 0 & 0 & 1 \\ \multicolumn{8}{c}{\min} \\ 0 & 0 & 0 & 0 & 0 & 1 & 0 & 1 \\ 0 & 0 & 1 & 0 & 1 & 0 & 1 & 1 \\ 1 & 0 & 0 & 0 & 1 & 0 & 1 & 1 \\ 1 & 0 & 1 & 0 & 0 & 0 & 1 & 1 \\ 1 & 0 & 1 & 0 & 1 & 0 & 0 & 1 \end{pmatrix} \cdot \begin{pmatrix} CO(Y) \\ CC^0(X_1) \\ CC^1(X_1) \\ CC^0(X_2) \\ CC^1(X_2) \\ CC^0(X_3) \\ CC^1(X_3) \\ 1 \end{pmatrix} \qquad (6.3)$$

Mit Hilfe dieser Beschreibungsmethode für die Berechnung der Testbarkeit eines Bausteins läßt sich eine ganze Bibliothek von Bausteinen bzw. Moduln mit ihren Testbarkeitsmaßen erstellen, die als Basis für die Testbarkeitsanalyse einer gesamten Schaltung dienen kann.

Die Testbarkeitsmaße lassen sich bei dem Verfahren der Clusteranalyse wie folgt anwenden:

1. Es wird zunächst die Verbindungsmatrix benutzt, um die Kandidaten für die Clusterbildung auszusuchen. Beim Verschmelzen zweier Elemente werden die Verbindungen, welche die beiden Elemente gemeinsam haben, zu internen Verbindungen des neu entstehenden Moduls.

2. Daraufhin werden für das neu entstandene Modul die Testbarkeitswerte berechnet. Diese werden als Kriterium benutzt, um zu entscheiden, ob diese Verschmelzung stattfinden darf oder nicht. Die Testbarkeitsberechnung der Teilschaltnetze wird unter der Annahme gemacht, daß die äußeren Verbindungen des betrachteten Moduls primäre Ein- und Ausgänge der betreffenden Teilschaltung sind.

3. Existieren noch Kandidaten für eine weitere Clusterbildung, wird wieder mit Schritt 1 begonnen. Ansonsten wird mit Schritt 4 fortgefahren.

4. Nach der vollständigen Partitionierung sind die Ein- und Ausgänge der entstandenen Teilschaltnetze entweder primäre Ein- und Ausgänge oder Zwischenvariable, also Schieberegisterelemente.

Wie zuvor beschrieben, sind die zusätzlichen Schieberegisterelemente über die Schieberegisterkette leicht zugänglich. Für die Testbarkeit der Teilschaltnetze entsprechen sie primären Ein- und Ausgängen.

Zur Verdeutlichung soll an einem überschaubaren Beispiel, Bild 6.20, ein Schaltnetz partitioniert werden. An diesem Beispiel werden Steuer- und Beobachtbarkeitswerte berechnet

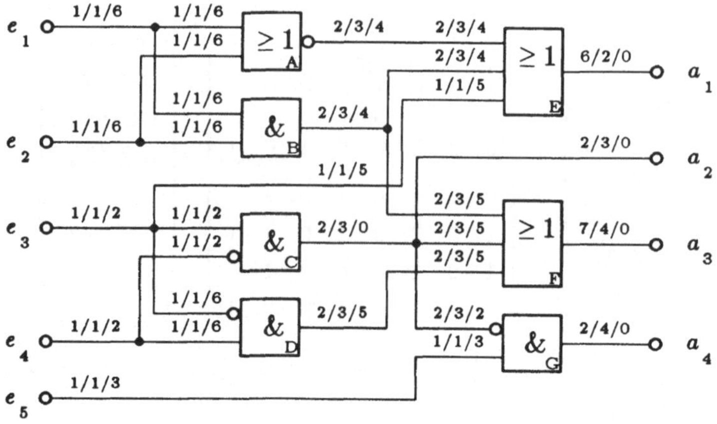

Bild 6.20: Beispielschaltung

und es wird eine Partitionierung vorgenommen, wobei der Anschaulichkeit wegen das Maximum der drei Werte als Kriterium für die Clusterbildung eingesetzt wird.

Es sei an dieser Stelle jedoch darauf hingewiesen, daß die Testbarkeitsmaße nicht absolut und unabhängig voneinander betrachtet werden dürfen. Vielmehr stehen sie untereinander in Zusammenhang und müssen unter Umständen unter Berücksichtigung der Schaltungskomplexität relativiert werden. Die Verknüpfung und Abhängigkeit der Testbarkeitsmaße untereinander hängt sehr vom angewendeten Algorithmus zur Testmustergenerierung ab und muß je nach Bedarf angepaßt werden.

In Bild 6.20 und in den folgenden Bildern dieses Beispiels sind die Testbarkeitswerte $CC^0/CC^1/CO$ für jeden Knoten in dieser Reihenfolge angegeben. Die Inverter werden nicht als eigene Gatterstufe berücksichtigt, sondern als invertierende Eingänge dem betreffenden Gatter zugeordnet.

Die Schaltung soll so partitioniert werden, daß keiner der drei Werte, Null–Steuerbarkeit, Eins–Steuerbarkeit und Beobachtbarkeit, den beliebig gewählten Grenzwert von 5 überschreitet. In dem Beispiel sind die Gatter der Schaltung die elementaren Teile, welche die Ausgangsbasis für die Clusterbildung bilden. Sie sind mit ihren Testbarkeitswerten in Bild 6.21 dargestellt.

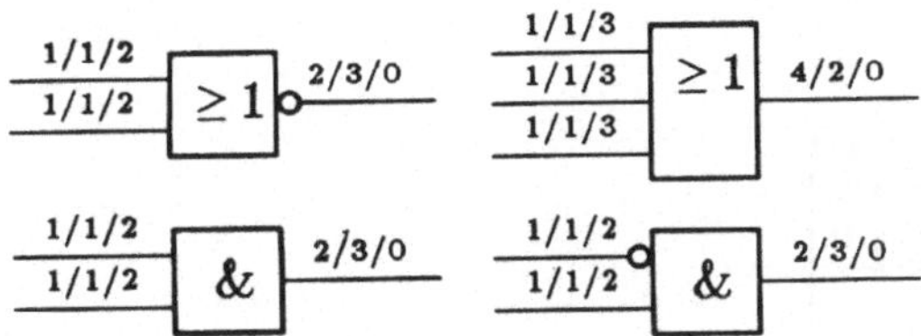

Bild 6.21: Elemente der Beispielschaltung

Bild 6.22 enthält die zur Schaltung des Beispiels gehörende Verbindungsmatrix V. In ihr sind die Gatter A bis G und deren Verbindungen untereinander eingetragen. Im rechten Teil des Bildes sind die Elemente A und E der Schaltung zusammengefügt. Die Testbarkeitswerte des neuen Moduls $\{A, E\}$ werden ermittelt. Da keiner der angegebenen Testbarkeitswerte den Wert 5 übersteigt, darf die Clusterbildung stattfinden.

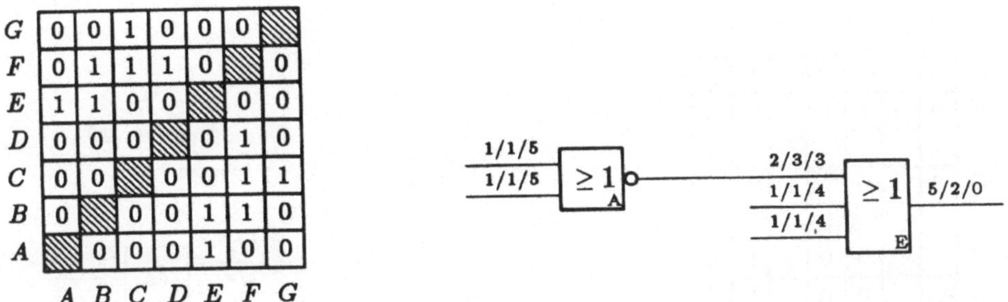

Bild 6.22: Verbindungsmatrix und Teilschaltnetz

In der Fortsetzung des Verfahrens wird die nächste Verbindung zwischen zwei Moduln in der Matrix ausgesucht. Dies ist in Bild 6.23 die Verbindung zwischen dem Element B und dem Modul $\{A, E\}$. Jedoch zeigt sich bei der Testbarkeitsanalyse, daß die Grenze von fünf überschritten wird.

Das bedeutet, daß diese Clusterbildung nicht vorgenommen werden darf. Die Verbindung, die das Modul B mit dem Modul $\{A, E\}$ hat, muß durch eine Zwischenvariable aufgetrennt werden. Das hat zur Folge, daß sämtliche Verbindungen von Modul B zu Moduln mit höherer Ordnung, z.B. zu Modul F, auch aufzutrennen sind. Diese Verbindungen werden aus der Verbindungsmatrix gelöscht.

Die Moduln C und G werden als nächste Kandidaten für eine Verschmelzung ausgesucht. Wie in Bild 6.24 zu sehen, ist diese Clusterbidung erlaubt.

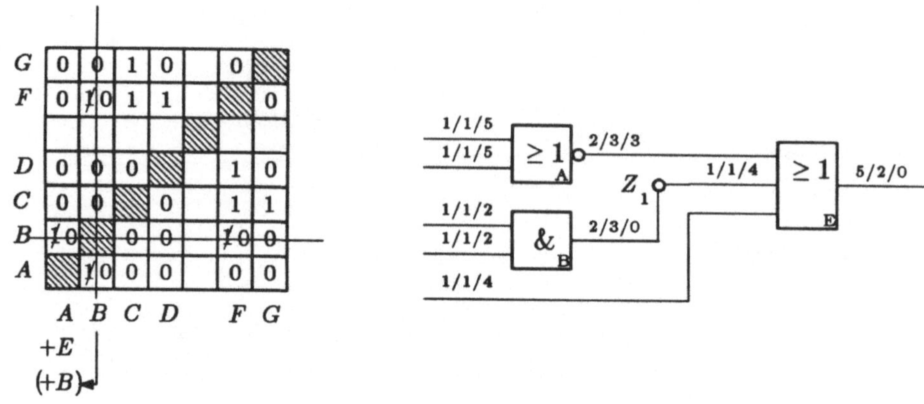

Bild 6.23: Verbindungsmatrix mit Teilschaltnetz

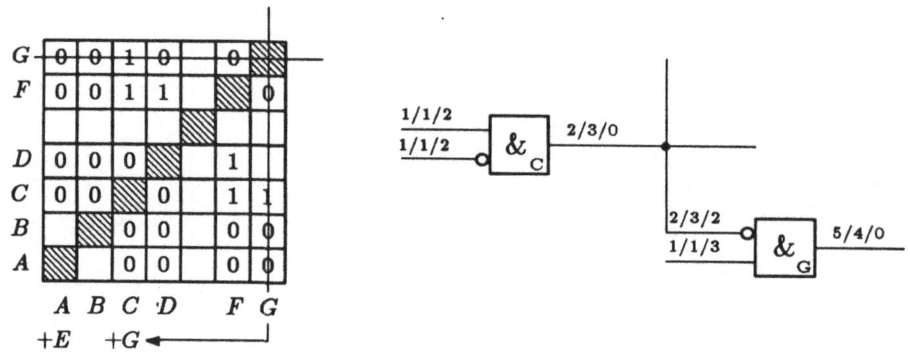

Bild 6.24: Verbindungsmatrix mit Teilschaltnetz

Bild 6.25 zeigt die zulässige Clusterbildung zwischen Modul D und F.

Schließlich existiert in der Verbindungsmatrix noch eine Verbindung zwischen Modul $\{D, F\}$ und $\{C, G\}$. Jedoch zeigt die Testbarkeitsanalyse der Teilschaltung $\{C, D, F, G\}$ in Bild 6.26, daß die Verschmelzung nicht zulässig ist, da das geforderte Kriterium, daß keiner der drei Werte 5 übersteigen darf, verletzt ist.

Die Verbindung, die Gatter C mit Gatter F und damit auch mit dem Gatter G hat, wird durch eine Zwischenvariable aufgetrennt. Damit ist die Partionierung beendet, da keine Verbindungen zwischen Moduln mehr existieren. Das Ergebnis ist, daß die fünf

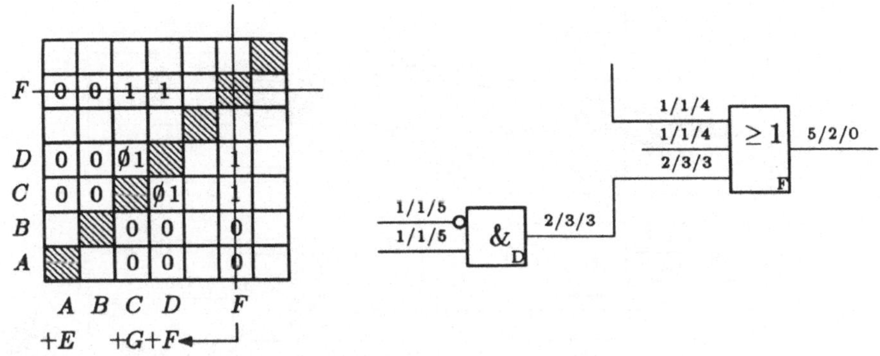

Bild 6.25: Verbindungsmatrix mit Teilschaltnetz

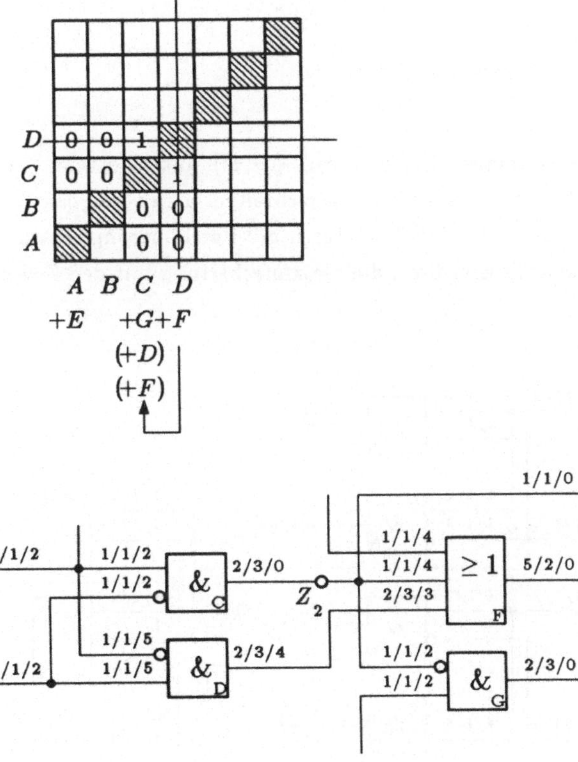

Bild 6.26: Verbindungsmatrix mit Teilschaltnetz

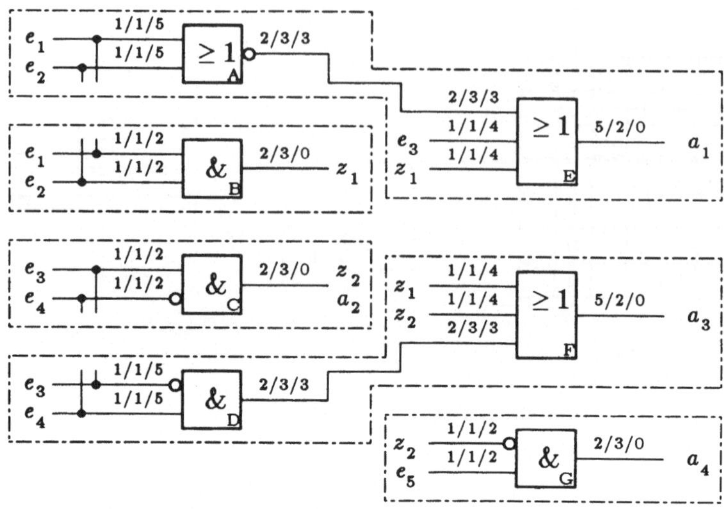

Bild 6.27: Unabhängige Teilschaltnetze

unabhängigen Schaltnetze $\{A, E\}$, B, C, $\{D, F\}$ und G erzeugt werden, deren einzelne Testbarkeitsmaße den Wert 5 nicht überschreiten. Dazu war das Einfügen der Zwischenvariablen z_1 und z_2 nötig. Die fünf durch die Partionierung entstandenen unabhängigen Teilschaltnetze sind in Bild 6.27, die Gesamtschaltung mit den Zwischenvariablen in Bild dargestellt.

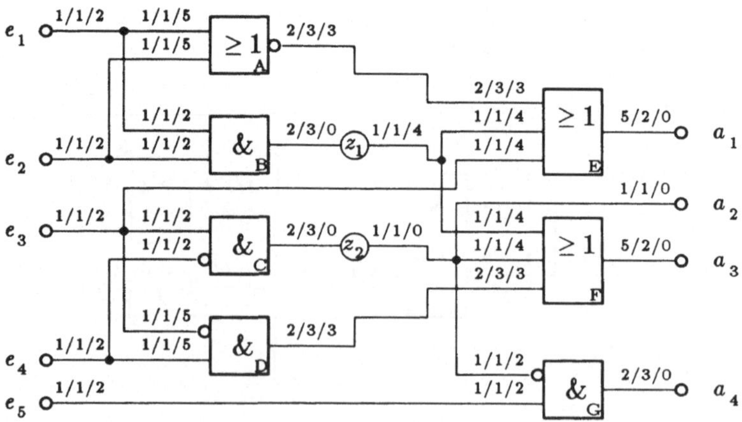

Bild 6.28: Partitionierte Gesamtschaltung

Zu den Eigenschaften des beschriebenen Verfahrens der Clusteranalyse ist festzustellen, daß es nicht *divisiv*, sondern von einzelnen Teilen ausgehend *agglomerativ* arbeitet. Das bedeutet, daß sich das gesamte Vorgehen auch für synthetische bzw. sukzessive interaktive Verfahren eignet, da nicht die gesamte Schaltung bekannt sein muß, sondern die momentan bekannten Teile zu Clustern zusammengefaßt, geprüft und evtl. in Partitionen eingeteilt werden.

Der angegebene Algorithmus zur Berechnung der Testbarkeit ließe sich auch dann anwenden, wenn er im ungünstigsten Fall expontiell von der Anzahl der Knoten und Eingänge abhängig wäre. Denn durch die agglomerative Vorgehensweise ist die Möglichkeit gegeben, ab einer bestimmten Komplexität den Vorgang abzubrechen und das entstandene Teilschaltnetz durch Zwischenvariable zu isolieren. Man faßt so lange Schaltungsteile zu Clustern zusammen, bis entweder die Grenze der vorgegebenen Testbarkeit erreicht ist oder bis die Komplexität der Berechnung so weit angestiegen ist, daß eine weitere Clusterbildung zu aufwendig und damit nicht mehr zu rechtfertigen wäre; denn durch das Einfügen von Zwischenvariablen in Form zusätzlicher Schieberegisterelemente für den Testbetrieb werden quasi-primäre Ein- und Ausgänge erzeugt.

6.3 Bereitstellung der Testmuster

Testbarkeitserhöhende Maßnahmen, welche über die behandelten passiven Hilfen hinausgehen, umfassen allgemein die Bereitstellung der Testmuster innerhalb der zu testenden Schaltung.

Das Ziel der Einführung dieser Erweiterungen besteht vor allem darin, den Test möglichst vollständig innerhalb der Schaltung ablaufen zu lassen, um kurze Testzeiten und einfache Testprogramme zu erhalten sowie in der Möglichkeit, einen Selbsttest des Systems, in dem die Schaltung eingesetzt wird, vorzubereiten.

Zur Testmustererzeugung werden unterschiedliche Wege beschritten. Beispiele dazu sind die Speicherung der Testmuster in einem Speicher oder die Erzeugung der Testmuster durch eine spezielle Logik wie z.B. in Form von Pseudozufallszahlengeneratoren.

6.3.1 Testmusterspeicher

Die einfachste Art, Testmuster innerhalb eines Systems bereitzustellen, besteht in der Abspeicherung der Testmuster in einem Festwertspeicher (*engl. read only memory, ROM*). Der Vorteil dieses Verfahrens besteht darin, daß der Entwurf eines Festwertspeichers einfach ist und genau die Testmuster an die zu prüfende Schaltung gelegt werden, die als optimal bestimmt wurden. Zur Umschaltung vom Normalbetrieb in den Testmodus sind lediglich Multiplexer erforderlich.

Das genannte Verfahren läßt sich nur dann mit vertretbarem Aufwand realisieren, wenn in dem betrachteten System ohnehin ein Speicher vorhanden ist, bei dem ein Teil für Testzwecke reserviert werden kann. Ist kein Speicher vorgesehen, so ist außer dem Aufwand für die Speicherzellen selbst und die Multiplexer noch der Bedarf an zusätzlicher Logik (Reihen- und Spaltendecoder, Treiber) zu berücksichtigen. Wegen des hohen Aufwandes ist dann das Verfahren für den Test von kleineren Schaltungen nicht vertretbar.

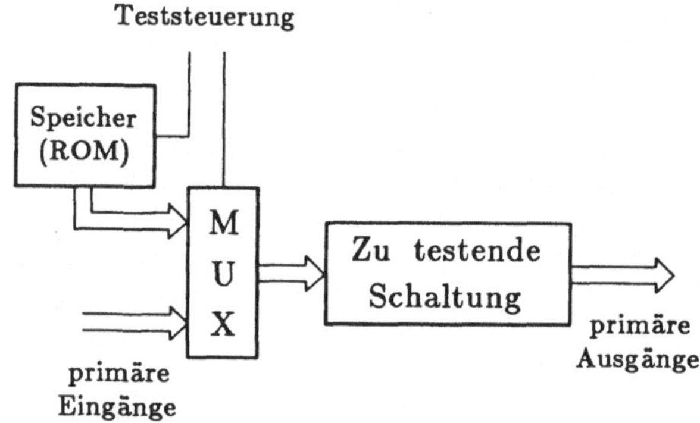

Bild 6.29: Testmusterbereitstellung in einem Speicher

6.3.2 Deterministische Testmustergeneratoren

Eine weitere Methode, Testmuster bereitzustellen, besteht darin, die Ausgangsvektoren der zu testenden Schaltung zur Erzeugung neuer Testvektoren zu verwenden. Der Test selbst läuft so ab, daß die Schaltung nach dem Umschalten in den Testmodus initialisiert wird. Gleichzeitig wird auch der erste Testvektor angelegt. Die weiteren Testvektoren, die vorher durch entsprechende Algorithmen bzw. auch unter Einsatz einer Fehlersimulation bestimmt worden sind, werden nun durch ein entsprechendes Schaltnetz, den deterministischen Testmustergenerator, erzeugt. Dieses Schaltnetz wird so berechnet, daß die Testmuster mit einer minimalen Anzahl von Verknüpfungen erzeugt werden können .

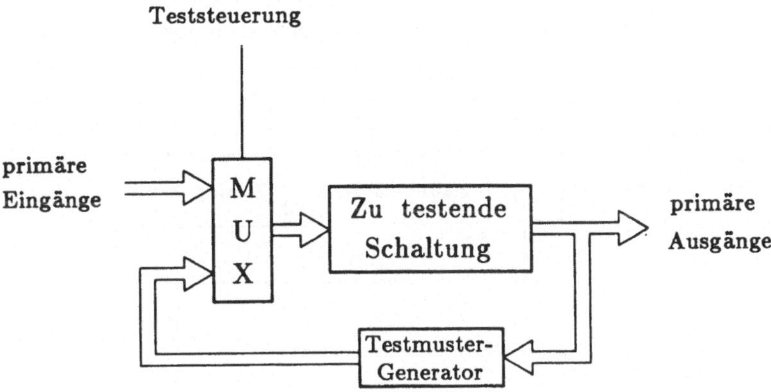

Bild 6.30: Deterministischer Testmustergenerator

Der Mehraufwand bei diesem Verfahren wird durch den Multiplexer und den Generator bestimmt, wobei der Aufwand für den letzteren von der Anzahl der Vektoren und der Struktur der Testmuster abhängt. Die Berechnung des Schaltnetzes ist im allgemeinen nur mit Rechnerunterstützung möglich. Die Größe des Generators sollte in einem vernünftigen Verhältnis zu der zu testenden Schaltung stehen.

6.3.3 Gesteuerte Zähler als Testmustergeneratoren

Zähler sind als Testmustergeneratoren dadurch geeignet, daß sie erlauben, alle Kombinationen einer bestimmten Bitzahl zu durchlaufen. Um jedoch zu akzeptablen Testzeiten zu kommen, ist es erforderlich, daß der Abstand (in Form von Überführungsmustern) zwischen zwei Testvektoren möglichst gering wird. Das kann dadurch erreicht werden, daß man die entsprechenden Generatoren durch Zusammenschaltung mehrerer Zähler aufbaut. Dadurch ändert sich das höchstwertige Bit des Generators nicht erst nach Durchlaufen der Hälfte des Zählerbereiches, sondern entsprechend schneller, je nach Zähleranzahl. Akzeptabel hinsichtlich des zeitlichen Aufwandes wird diese Art der Testmustergenerierung jedoch erst dann, wenn man gesteuerte Vor- Rückwärtszähler einsetzt und die Testmenge zur Minimierung der Anzahl der Überführungsmuster sortiert [WaWojt88]. Bild 6.31 zeigt einen Testmustergenerator, der aus drei Teilzählern aufgebaut ist.

Zwei wesentliche Aufgaben sind beim Entwurf und beim Einsatz derartiger Testmustergeneratoren zu bearbeiten, nämlich die Festlegung der Anzahl und der Ansteuerung der Zähler und die Berechnung einer möglichst optimalen Reihenfolge der Testvektoren.

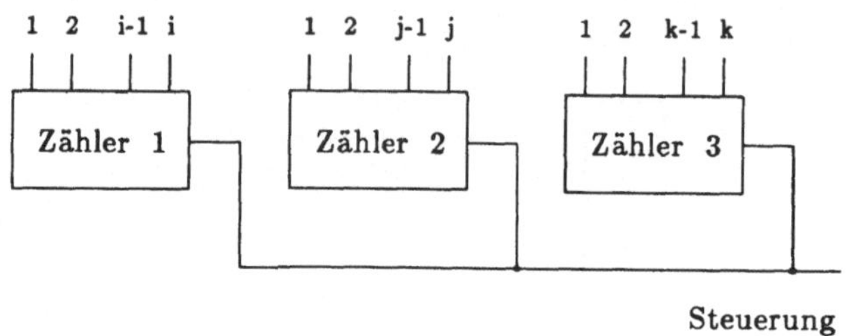

Bild 6.31: Zähler als Testmustergenerator

Der Aufwand für die Ansteuerung der Zähler ist abhängig von der Anzahl möglicher Betriebszustände. So besitzt z.B. ein Generator aus zwei Vor– Rückwärtszählern, die nicht gleichzeitig zählen, vier Betriebszustände, d.h. auch, daß ausgehend von einem bestimmten Zählerstand, vier neue Testmuster in einem Schritt erreicht werden können. Allgemein ergibt sich daraus die Möglichkeit, Aufwand (Betriebszustände, Zählerzahl) und Zeit (Schritte, Überführungsmuster) gegeneinander abzuwägen.

Die Lösung des Sortierproblems der Testmenge gehört vom Aufwand her zu den Problemen, die sich nicht in polynomialer Zeit bearbeiten lassen, denn es müssen für eine optimale Lösung sämtlich Abfolgen von Testvektoren einer Testmenge untersucht und hinsichtlich der Anzahl der Schritte gewichtet werden. Dieser Weg ist allgemein nicht gangbar, so daß man durch die Anwendung heuristischer Verfahren suboptimale Lösungen suchen muß.

6.3.4 Pseudozufallszahlengeneratoren

Pseudozufallszahlengeneratoren (PZG) eignen sich besonders dann zur Generierung von Testmustern, wenn die Anzahl der Vektoren sehr groß wird oder wenn es keine andere akzeptable Möglichkeit gibt, am gewünschten Ort innerhalb der Schaltung die Testmuster zu generieren. Die von einem Pseudozufallszahlengenerator erzeugten Folgen von Vektoren haben zwar den Charakter von Zufallsfolgen, wiederholen sich aber nach einer bestimmten Anzahl von Vektoren.

Die Schaltung eines Pseudozufallszahlengenerators besteht aus einem Schieberegister mit den Speicherelementen FF_i, $1 \leq i \leq n$, die über Antivalenzglieder rückgekoppelt sind. Über die Koeffizienten k_i wird festgelegt, welche Variablen rückgekoppelt werden. Bild 6.32 zeigt die Prinzipschaltung eines Pseudozufallszahlengenerators.

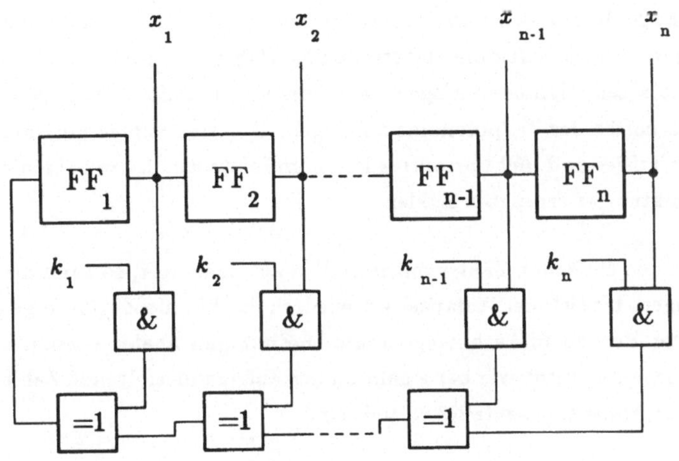

Bild 6.32: Darstellung eines Pseudozufallszahlengenerators

Die Speicherelemente FF_n bis FF_2 erhalten ihre Werte direkt aus der vorhergehenden Stufe, d.h. es gilt Gleichung 6.4.

$$x_i(t) = x_{i-1}(t-1) \text{ für } 2 \leq i \leq n \tag{6.4}$$

Die Koeffizienten k_i, $1 \leq i \leq n$, können nur die Werte 0 oder 1 annehmen. Unter Berücksichtigung, daß die Antivalenzoperation einer Addition modulo 2 entspricht, wie man auch der Wahrheitstafel der Antivalenz entnehmen kann, läßt sich der Wert von x_1 durch Gleichung 6.5 angegeben.

$$x_1(t) = \sum_{i=1}^{n} k_i \cdot \Big(x_i(t-1)\Big) \pmod 2 \tag{6.5}$$

Die Rückkopplungskoeffizienten bestimmen die Eigenschaften des PZG. Um die Koeffizienten mit mathematischen Methoden behandeln zu können, werden sie mit fallendem Index zu einem Polynom in folgender Form angeordnet:

$$K(x) = k_n x^n + k_{n-1} x^{n-1} + \cdots + k_1 x + k_0 \tag{6.6}$$

Über die Polynome lassen sich nun die PZG in verschiedene Klassen einteilen. Die erste Unterteilung geschieht in *reduzible* und *irreduzible Polynome*. Reduzible Polynome lassen sich in irreduzible Teilpolynome zerlegen, wobei die Eigenschaften des gesamten Polynoms von den Eigenschaften der Teilpolynome abhängen. Die irreduziblen Polynome lassen sich wiederum in *primitive* und *nicht primitive Polynome* einteilen. Diese beiden unterscheiden sich in der Struktur der erzeugten Zyklen.

Betreibt man einen einfachen Zähler mit n Stellen als Generator, so kann man 2^n Kombinationen erzeugen, bis sich der Anfangswert wiederholt, d.h. die *Zykluslänge* eines Zählers beträgt 2^n. Der Pseudozufallszahlengenerator besitzt nun analog ebenfalls Zyklen, wobei die Kombinationen nicht wie bei einem Zähler aufeinanderfolgende Zahlen darstellen, sondern, wie der Name sagt, zufällig verteilt sind.

Betrachtet man den Pseudozufallszahlengenerator wie er in Bild 6.32 skizziert wurde, so kann man erkennen, daß dem Zustand, bei dem alle $x_i = 0$ sind immer der Zustand $x_1 = 0$ folgt. Dieser *Nullzyklus* mit der Länge 1 tritt bei jedem PZG auf. Er wird deshalb im folgenden nicht mehr explizit erwähnt. Die maximale Länge der anderen möglichen Zyklen wird durch den Nullzyklus auf $2^n - 1$ reduziert.

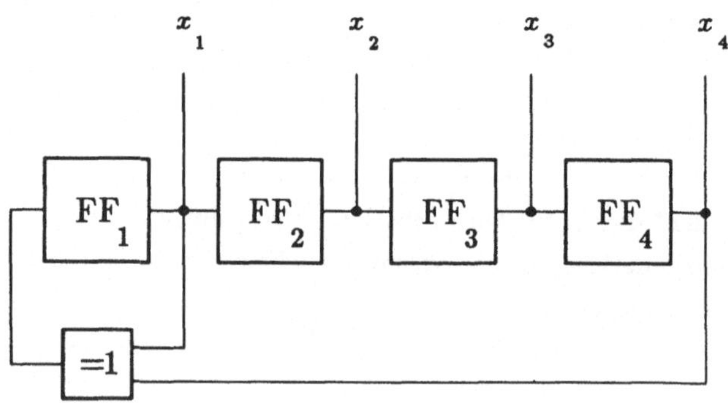

Bild 6.33: Pseudozufallszahlengenerator mit primitivem Polynom

Ein primitives Polynom zeichnet sich dadurch aus, daß alle Kombinationen, die von dem Pseudozufallszahlengenerator erzeugt werden, auf einem Zyklus der Länge $2^n - 1$ liegen. Ist das Polynom nicht primitiv, so bilden sich mehrere Zyklen, wobei der Anfangswert entscheidet, in welchem Zyklus sich der Pseudozufallszahlengenerator bewegt. Bild 6.33 zeigt einen Generator mit einer Breite von 4 Bit. Das zugehörige Polynom ist in Gleichung 6.7 angegeben.

$$K(x) = x^4 + x + 1. \tag{6.7}$$

Die zu diesem Generator gehörenden Zyklen sind in Bild 6.34 dargestellt. Wie man sehen kann, handelt es sich um ein primitives Polynom, das neben dem Nullzyklus nur einen Zyklus besitzt.

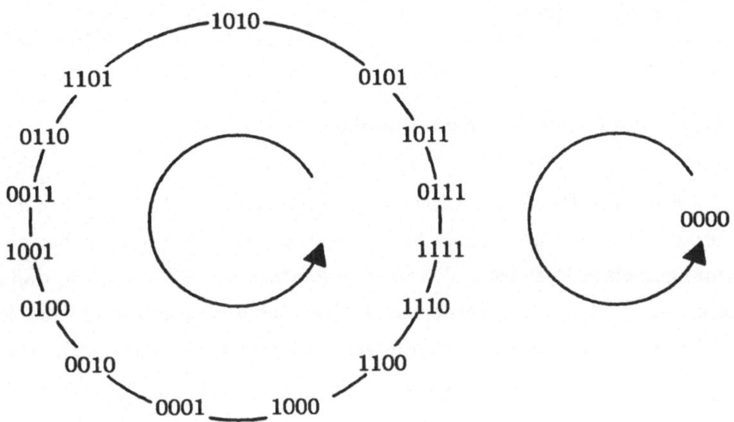

Bild 6.34: Zyklen des Generators nach Bild 6.33

Der Pseudozufallszahlengenerator, der in Bild 6.35 dargestellt ist, unterscheidet sich durch das Polynom und damit durch die Rückkopplungen vom Generator in Bild 6.33. Das Polynom zu dem Generator aus Bild 6.35 ist in Gleichung 6.8 angegeben.

$$K(x) = x^4 + x^3 + x^2 + x + 1 \tag{6.8}$$

Dieser Generator besitzt außer dem Nullzyklus drei Zyklen gleicher Länge (Bild 6.36). Der Startwert des Generators entscheidet nun, welcher der drei Zyklen durchlaufen wird.

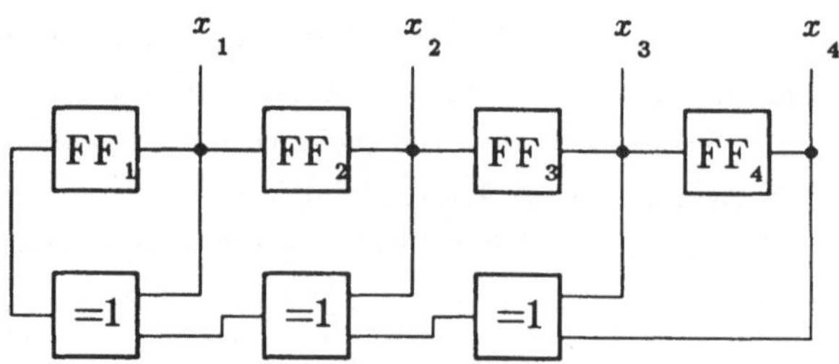

Bild 6.35: Pseudozufallszahlengenerator mit nicht primitivem Polynom

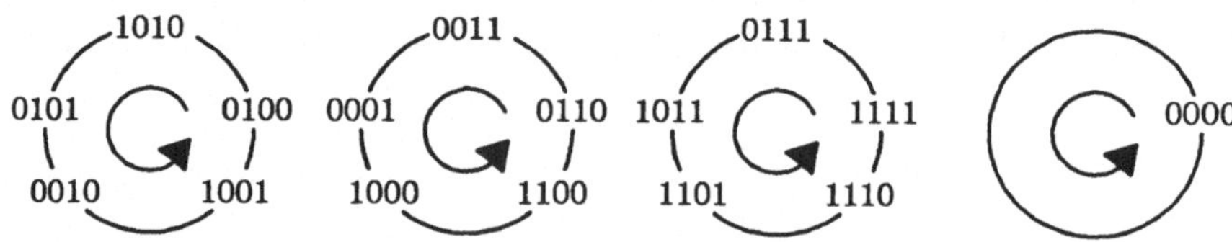

Bild 6.36: Zyklen des Generators nach Bild 6.35

In der Praxis werden die Pseudozufallszahlengeneratoren zum Teil willkürlich festgelegt. Um aber sicher zu sein, daß bestimmte Fehler auch getestet werden, ist bei der Auswahl der Rückkopplungen eines Pseudozufallszahlengenerators darauf zu achten, daß man einen Generator konstruiert, der alle geforderten Testmuster auf einem möglichst kurzen Zyklus erzeugt. Die Auswahl von Rückkopplungen und Startwert bedürfen in der Regel der Unterstützung durch geeignete Programme.

6.4 Testdatenauswertung

Neben der Bereitstellung der Testmuster besteht eine weitere Möglichkeit der aktiven Testunterstützung darin, die Testergebnisse innerhalb der zu testenden Schaltung auszuwerten oder zumindest deren Auswertung vorzubereiten. Der Grund für diesen Ansatz ist darin zu sehen, daß die übliche Auswertung auf einem Testautomaten durch Vergleich mit berechneten Sollwerten dadurch an Grenzen stößt, daß die Anzahl der Speicherplätze pro Signal begrenzt ist und nur bis zu dieser Speichertiefe eine schnelle Auswertung erfolgen kann.

Eine weitere Motivation für die Testdatenauswertung ergibt sich aus dem Wunsch, selbsttestende Schaltungen zu entwerfen. Diese können ohne Verwendung eines Testautomaten überprüft werden, ein Vorteil, der unter Umständen auch für die Zuverlässigkeitserhöhung genutzt werden kann.

Der bei Testautomaten beschrittene Weg der Auswertung jedes einzelnen Signals ist für den Einsatz innerhalb einer Schaltung nicht gangbar. Für die Analyse der Testergebnisse ist es unumgänglich, die Ergebnisse zu komprimieren. Dazu dienen Zählverfahren und die Signaturanalyse [Swob73], [Froh77], [GorNa77], [Krup81]. Jedes Verfahren zur Komprimierung der Testdaten führt zwangsweise zu einem Informationsverlust, der sich durch die Reduzierung der Wahrscheinlichkeit, einen Fehler zu erkennen, ausdrückt. Dieser Informationsverlust darf aber nicht so groß sein, daß die Fehlererkennungswahrscheinlichkeit wesentlich verringert wird.

6.4.1 Zählverfahren

Für serielle Datenströme können Zählverfahren eingesetzt werden. Bei diesen Verfahren werden entweder die Übergänge von '0' → '1' bzw. '1' → '0' oder die Anzahl der Werte '0' bzw. '1' gezählt. Zum Zählen der Werte wird ein Zähler benutzt, der immer dann erhöht wird, wenn Systemtakt und Eingangswert gleichzeitig '1' sind. Einen solchen Zähler zeigt Bild 6.37. Die Anzahl der Zählerstufen ist für diese Anwendung so zu wählen, daß der maximale Zählerstand größer ist als die Länge möglicher Datensequenzen, um einen Überlauf zu vermeiden.

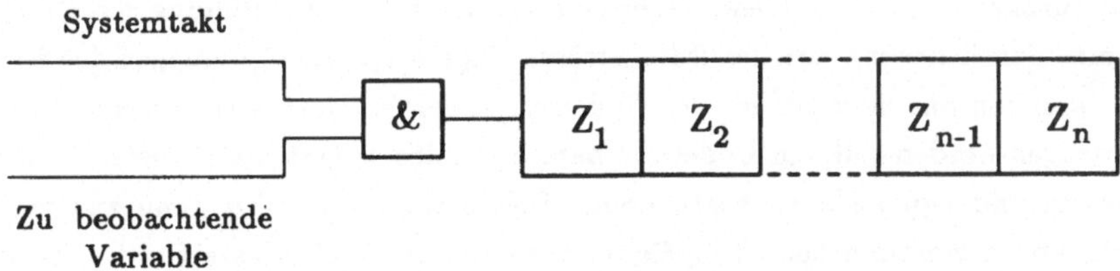

Bild 6.37: Zählen von '1' Werten

Eine andere Möglichkeit der Datenauswertung besteht in dem Zählen der Übergänge. Dabei wird unterschieden, ob die gesamte Anzahl der Übergänge (*engl. transition counting*) oder nur die Anzahl der Übergänge in eine Richtung, d.h. entweder von '0' → '1' oder von '1' → '0', gezählt wird (*engl. edge counting*). Bild 6.38 a zeigt eine Schaltung zum Zählen

(a)

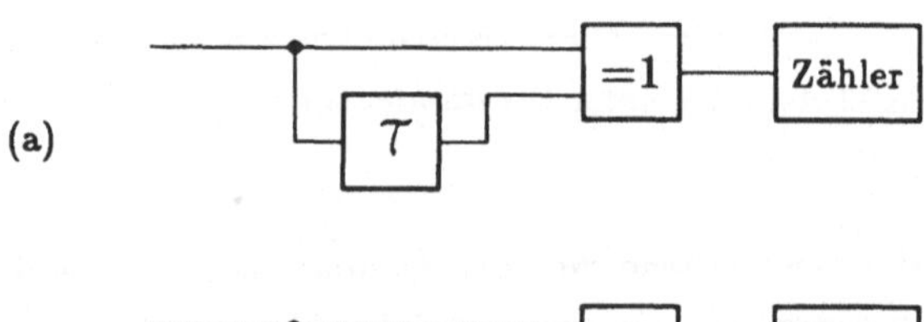

(b)

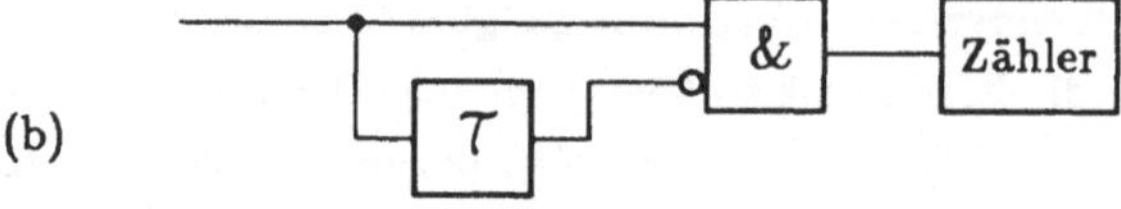

Bild 6.38: Zählschaltungen

aller Übergänge, während die Schaltung nach Bild 6.38 b nur Übergänge von '0' → '1' zählt.

Für einen Datenstrom der Länge m läßt sich durch das Zählen der Übergänge eine Fehlererkennungsrate F erreichen, die angenähert durch Gleichung 6.9 ausgedrückt werden kann [Froh77].

$$F \approx 1 - \frac{1}{\sqrt{m \cdot \pi}} \tag{6.9}$$

6.4.2 Signaturanalyse

Die Signaturanalyse wird vor allem in der Nachrichtentechnik zur Bildung von Prüfworten im Rahmen der Sicherung serieller Datenströme eingesetzt. Die Grundlagen der Signaturanalyse stammen aus dem Gebiet der Codierungstheorie. Dort wird für eine Nachricht, die übertragen werden soll, ein Codewort berechnet, das es gestattet, Übertragungsfehler zu erkennen und ggf. auch zu korrigieren. Dieses Codewort wird dann zusätzlich zur Nachricht übertragen und beim Empfänger ausgewertet. Eine Klasse von Codes, die zur Sicherung benutzt werden, sind die *zyklischen Codes*. Prüfverfahren auf der Basis dieser Codes werden im Englischen als *cyclic redundancy check* (CRC) bezeichnet.

Die Codewörter werden gebildet, indem man einen Datenstrom D durch ein Polynom $P(x)$ modulo–2 dividiert. Man erhält als Ergebnis den Quotienten Q und den Rest R.

$$\frac{D}{P} = Q + \frac{R}{P}. \tag{6.10}$$

Diese Technik läßt sich auch zur Testdatenauswertung nutzen. Dabei ist der Quotient ohne Bedeutung, nur der Divisionsrest wird weiter betrachtet. Eine Schaltung, die eine solche Division durchführt, zeigt Bild 6.39.

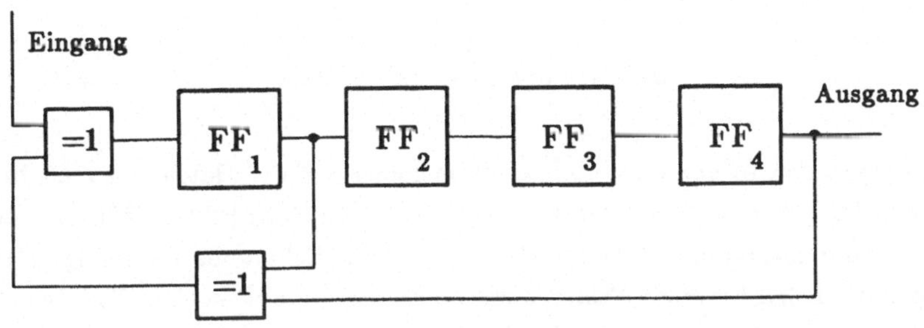

Bild 6.39: Signaturregister

Die Division der Datenfolge 1 010 000 000 mit Hilfe des Registers in Bild 6.39 liefert die folgenden Werte:

Eingang	Register-inhalt	Ausgang
0000000101	0000	–
000000010	1000	–
00000001	1100	–
0000000	0110	–
000000	0011	1
00000	1001	11
0000	0100	011
000	0010	0011
00	0001	10011
0	1000	010011
	1100	0010011

Nach einer Anzahl von 10 Takten, welche der Länge des Dividenden entspricht, hat das Signaturregister den Inhalt 1100. Da nur der Divisionsrest betrachtet wird, können Fehler mit dem Signaturregister nur dann erkannt werden, wenn der Rest der Division ungleich dem Rest ist, der bei der Division der korrekten Daten entsteht. Zur genaueren Betrachtung der Fehlererkennung werden die linearen Eigenschaften des Registers ausgenutzt. Linearität bedeutet in diesem Fall, daß die Reihenfolge bei der Bildung der Signaturen S beliebig ist:

$$S(D_1) \oplus S(D_2) = S(D_1 \oplus D_2)\,, \tag{6.11}$$

wobei die Operation $\oplus$ der bitweisen Addition modulo–2 der Datenfolgen D_i bzw. der Signaturen $S(D_i)$, $1 \leq i \leq 2$, entspricht. Das Auftreten eines Fehlers läßt sich somit als Verknüpfung der korrekten Datenfolge D mit einer fehlerbehafteten Datenfolge F vorstellen. Tritt in der Folge F nur ein Fehler, dargestellt durch eine '1' in einer Folge von '0' auf, so muß die Signatur ungleich Null sein, da in der Fehlerfolge keine weitere '1' enthalten ist, welche die erste '1' auslöschen könnte. Daraus folgt, daß mit dem Signaturregister alle Einzelbitfehler erkannt werden.

Insgesamt existieren bei einer Länge der Sequenz von m Bit 2^m mögliche Datenfolgen, von denen eine korrekt ist. Damit ergibt sich die Anzahl der möglichen fehlerhaften Folgen zu $2^m - 1$. Bei einer Länge des Signaturregisters von n Stellen werden diese 2^m Sequenzen auf 2^n Signaturen abgebildet. Daraus ergibt sich die Anzahl der nicht erkennbaren Fehler gemäß Gleichung 6.12.

$$\frac{2^m}{2^n} - 1 = 2^{m-n} - 1\,. \tag{6.12}$$

Durch die 1 wird die korrekte Datenfolge, die ja auch auf eine Signatur abgebildet wird, berücksichtigt. Die Wahrscheinlichkeit N, daß eine falsche Sequenz nicht entdeckt wird, ergibt sich dann als Verhältnis der Anzahl der nicht feststellbaren Fehler zur Gesamtzahl der möglichen Fehler, Gleichung 6.13.

$$N = \frac{2^{m-n} - 1}{2^m - 1} \tag{6.13}$$

Die Fehlererkennungsrate F läßt sich daraus wie in Gleichung 6.14 angegeben, berechnen.

$$F = 1 - \frac{2^{m-n} - 1}{2^m - 1} \tag{6.14}$$

Die Fehlererkennungsrate ist damit wesentlich höher als bei den Zählverfahren. Für große Sequenzlängen gilt die Näherung aus Gleichung 6.15.

$$F \approx 1 - 2^{-n} \tag{6.15}$$

Die Interpretation der Berechnungen besagt, daß alle Fehler erkannt werden, wenn die Sequenzlänge kleiner oder gleich der Länge des Signaturregisters ist. Für längere Sequenzen ist die Fehlererkennungsrate nur von der Länge des Signaturregisters abhängig, gemäß Gleichung 6.15. Für ein 16–Bit Signaturregister ergibt sich die Fehlererkennungsrate zu $F = 1 - 2^{-16} = 99,9985\%$. In Bild 6.40 sind die Fehlererkennungsraten bei Einsatz der Signaturanalyse dargestellt.

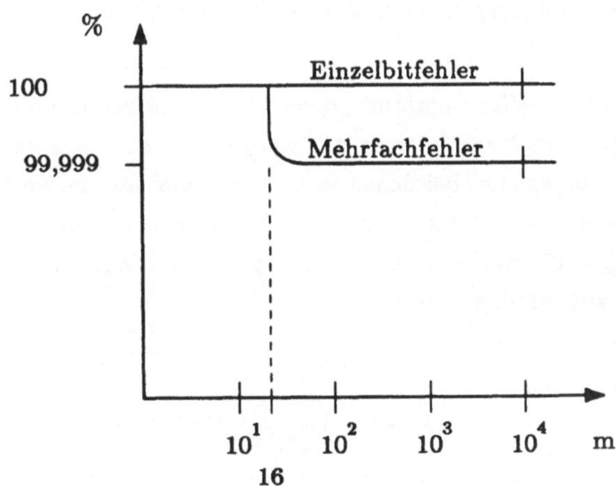

Bild 6.40: Fehlererkennungsraten für 16–Bit Signaturregister

Bild 6.41 enthält die Fehlererkennungsraten bei Verwendung eines Zählers für die Erfassung der Übergänge.

Die Bilder 6.40 und 6.41 zeigen deutlich die Überlegenheit der Signaturanalyse, bei welcher die Erkennungsrate von Mehrfachfehlern ausschließlich von der Registerlänge abhängt. Doch schon für ein 4–Bit Register ergibt sich eine Fehlererkennungsrate für Mehrfachfehler von 93%.

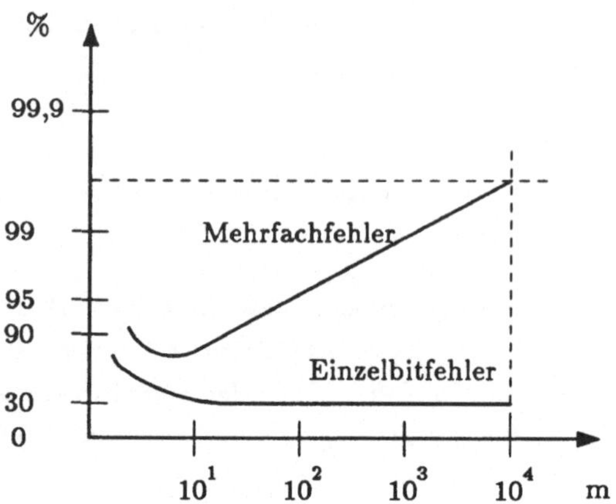

Bild 6.41: Fehlererkennungsraten beim Zählen der Übergänge

Der Einsatz von einem seriellen Signaturregister für jede zu beobachtende Variable innerhalb einer integrierten Schaltung ist vom Aufwand her nicht vertretbar. Man verwendet daher parallele Signaturregister, bei denen jede Stufe außer mit der vorhergehenden Stufe auch mit einem Eingang verknüpft wird. Die Fehlererkennungsrate läßt sich in diesem Fall durch Gleichung 6.16 angeben, wenn man k parallele Eingänge des Signaturregisters voraussetzt. Es gilt außerdem $k \leq n$.

$$F = 1 - \frac{2^{mk-n} - 1}{2^{mk} - 1} \tag{6.16}$$

Der Grenzwert für große Sequenzlängen entspricht dem des seriellen Signaturregisters, Gleichung 6.15. Der durch die Zusammenfassung der einzelnen Signaturen entstehende geringe Informationsverlust wird bei der hohen Fehlererkennungswahrscheinlichkeit dieses Verfahrens aus Gründen der Verringerung des Aufwands normalerweise in Kauf genommen.

Das Bild 6.42 zeigt ein paralleles Signaturregister in der Normalform. Die Eigenschaften des Registers bezüglich der Erkennung bestimmter Fehlerarten hängen von der Wahl der Rückkopplungen ab. Die Fehlererkennungsrate selbst wird durch die Rückkopplungen nicht beeinflußt.

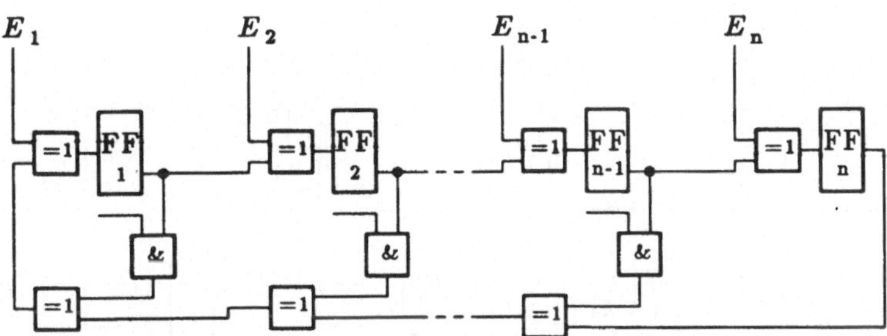

Bild 6.42: Paralleles Signaturregister

6.5 Das *BILBO-Register*

Der Vorteil der Scan-Path Technik liegt in der Verbesserung von Steuerbarkeit und Beobachtbarkeit einer Schaltung. Dieser Vorteil bedingt, daß zu Testzwecken die Registerelemente seriell geladen und nach einem Arbeitstakt wieder ausgelesen werden. Verfolgt man mit dem Test das Ziel, einzelne Fehler zu lokalisieren so ist die Scan-Path-Technik dafür eine sehr wirkungsvolle Methode. Beschränkt man sich dagegen auf einen reinen Test der Funktionsfähigkeit (go/no go), so bietet sich der Einsatz von Pseudozufallszahlengeneratoren und Signaturanalyseregistern an. Um den Mehraufwand gegenüber der ursprünglichen Schaltung gering zu halten, wurde das *BILBO*-Register (*Built-In Logic Block Observer*) entwickelt, das neben der Funktion als paralleles Register auch als Pseudozufallszahlengenerator bzw. Signaturanalyseregister arbeiten kann und zusätzlich noch mit einem Scan-Path ausgestattet ist [KöMu79]. Bild 6.43 zeigt ein solches *BILBO*-Register mit einer Breite von 4 Bit.

Die Funktion des *BILBO*-Registers in Bild 6.43 wird über die Leitungen A und B sowie die Selektvariable S des Multiplexers gesteuert. Die einzelnen Betriebsarten des Registers werden im folgenden dargestellt. Die jeweils nicht aktiven Teile der Schaltung sind der Übersichtlichkeit wegen in der Darstellung weggelassen worden.

- Normalbetrieb, Bild 6.44
  Durch $A = B = 1$ werden die an den Eingängen Z_i liegenden Werte auf die Flipflops geschaltet. Die serielle Verbindung der Flipflops untereinander wird gleichzeitig unterbrochen. Die gespeicherten Werte liegen an den Ausgängen Q_i an.

- Schieberegister, Bild 6.45
  Durch $A = B = 0$ werden die Eingänge Z_i abgetrennt. Gleichzeitig wird eine serielle

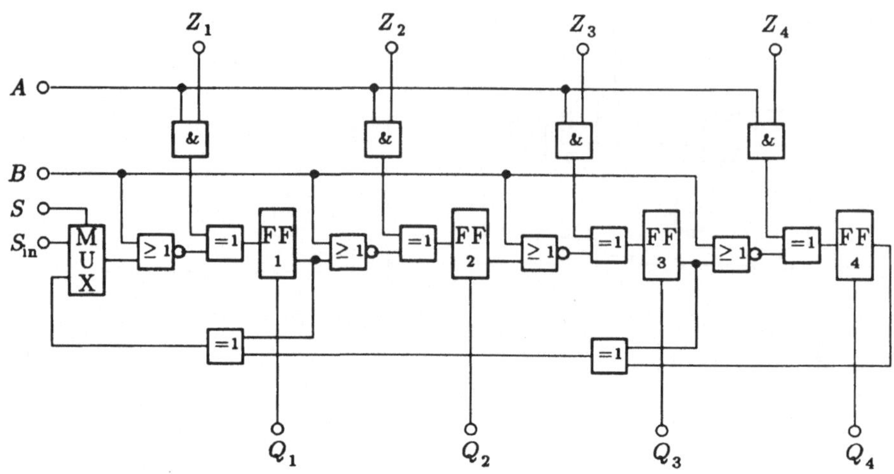

Bild 6.43: *BILBO*-Register [KöMu80]

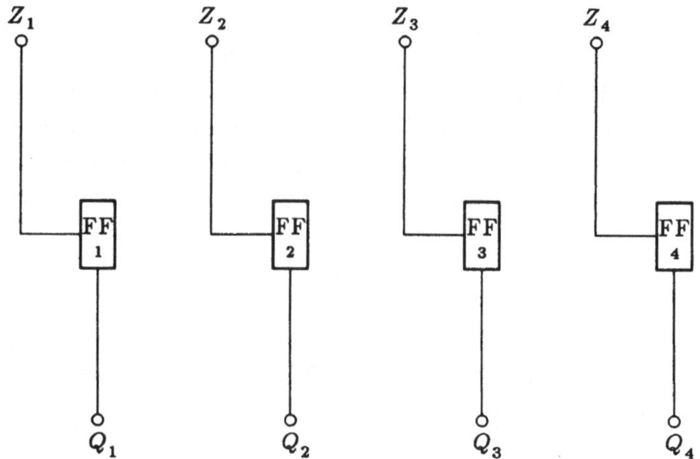

Bild 6.44: *BILBO* im Normalbetrieb

Verbindung der Flipflops hergestellt. Das erste Flipflop übernimmt seine Information über den Eingang S_{in}, der durch $S = 1$ ausgewählt wird. Der Ausgang des letzten Flipflops wird zum seriellen Ausgang S_{out}.

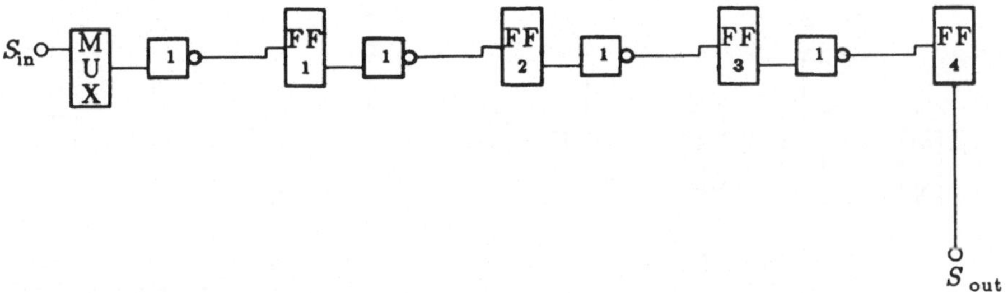

Bild 6.45: *BILBO* als Schieberegister

- Pseudozufallszahlengenerator, Bild 6.46
  Wie beim Betrieb als Schieberegister werden A und B zu 0. Durch die Umschaltung des Multiplexers mit $S = 0$ wird der Rückkopplungszweig an den Eingang des ersten Flipflops gelegt.

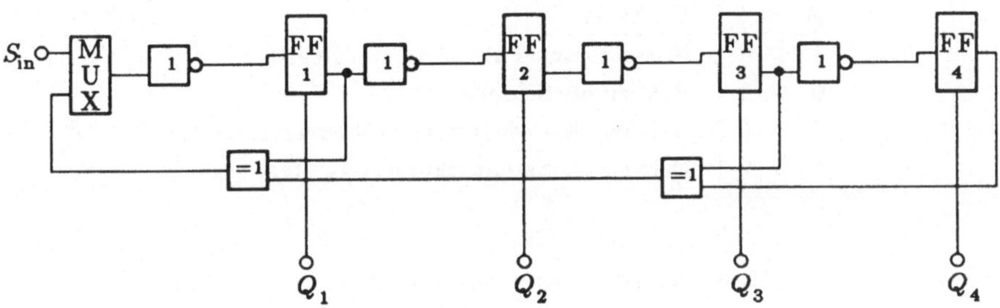

Bild 6.46: *BILBO* als Pseudozufallszahlengenerator

- Signaturanalyseregister, Bild 6.47
  Zum Betrieb als Signaturanalyseregister bleibt die Rückkopplung geschlossen. Durch $A = 1$ werden aber die Werte der Eingänge mit berücksichtigt.

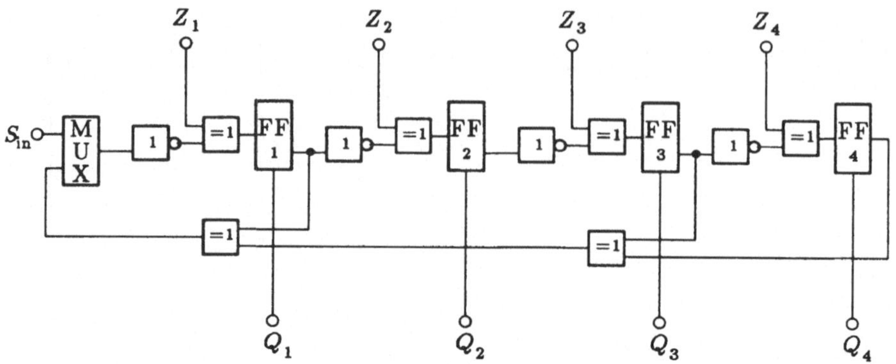

Bild 6.47: *BILBO* als Signaturanalyseregister

In der nachfolgenden Ansteuertabelle werden kurz die Betriebsarten des *BILBO*–Registers zusammengefaßt:

A	*B*	*S*	Funktion
1	1	–	Normalbetrieb als paralleles Register
0	0	1	Betrieb als Schieberegister
0	0	0	Betrieb als Pseudozufallszahlengenerator
1	0	0	Betrieb als Signaturanalyseregister

Die Anwendung des *BILBO*–Registers setzt voraus, daß eine Schaltung in Speicherelemente und dazwischenliegende Schaltnetze aufgeteilt ist. Die Speicherelemente werden so zusammengefaßt, daß sich unabhängige Schaltnetze ergeben, zwischen denen jeweils ein *BILBO*–Register angeordnet ist. Ist dies nicht möglich, so sind Verbindungen innerhalb der Schaltnetze aufzutrennen, um diese Bedingung zu erfüllen. Das Bild 6.48 zeigt die prinzipielle Anordnung von Schaltnetzen und *BILBO*–Registern für den Fall, daß sich drei unabhängige Schaltnetze ergeben.

Der Test läuft so ab, daß jeweils ein *BILBO*–Register als Pseudozufallsgenerator betrieben wird und das zu testende Schaltnetz mit den Testvektoren versorgt, während das *BILBO*–Register an den Ausgängen des Schaltnetzes als Signaturanalyseregister arbeitet. Der Reihe nach vertauschen nun die Register ihre Funktion, bis alle Schaltnetze getestet worden sind.

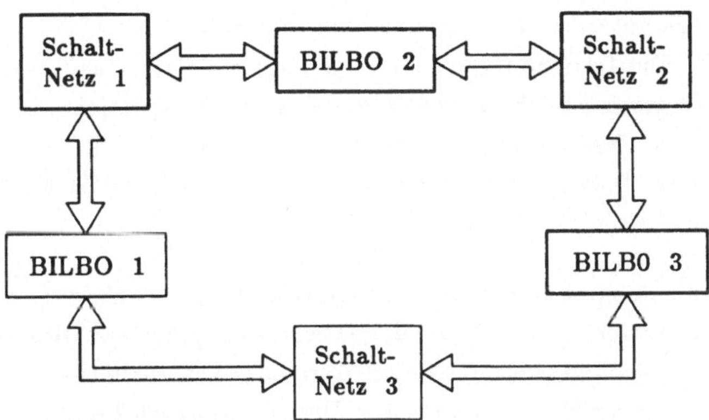

Bild 6.48: Schaltung mit drei *BILBO*-Registern

6.6 Selbstteststrategien

Selbsttestmethoden haben im allgemeinen das Ziel, die Zuverlässigkeit eines Systems zu erhöhen. Konzepte zum Selbsttest können auf unterschiedlichen Wegen realisiert werden. Das wesentliche Unterscheidungsmerkmal ist die Steuerung des Tests, die entweder *zentral* oder *dezentral* erfolgen kann. Beim *zentralen* Selbsttest (Bild 6.49) ist die den Testablauf steuernde Einheit in einem separaten Testmodul enthalten, das der Reihe nach alle Module des Systems testet. Das Testmodul ist mit einem Testmustergenerator (TMG), einem Testdatenanalysator (TDA) und der Steuerung für den Testablauf ausgestattet.

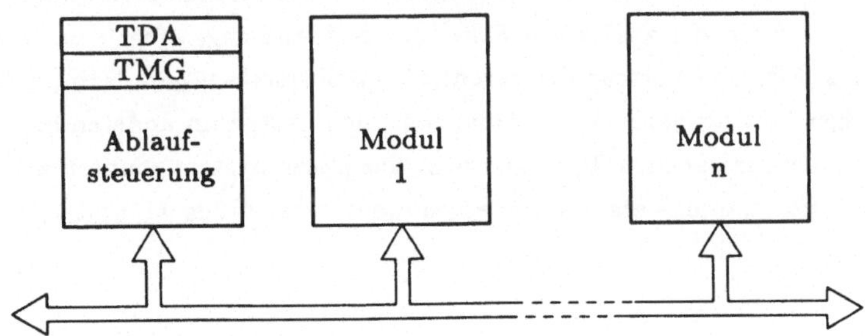

Bild 6.49: Zentraler Selbsttest [Zwie82]

Wird der zentrale Selbsttest bei einem Mikroprozessorsystem eingesetzt, so bietet es sich an, mit dem Testmodul selbst einen Kern zu testen, der dann den Test der weiteren Moduln aktiv unterstützt. Ein Testmodul kann dabei z.B. zunächst die Bestandteile der Zentraleinheit, wie Mikroprogrammspeicher, Steuerung und Rechenwerk prüfen. Arbeiten alle Teile korrekt, so kann ein Testprogramm gestartet werden, das den Test anderer Module des Systems übernimmt. Dieses Vorgehen hat den Vorteil, daß nur wenige Modifikationen bei den verwendeten Moduln erforderlich sind.

Beim *dezentralen* Selbsttest muß jedes Modul als *selbsttestende Schaltung* ausgeführt werden, so wie in den Bildern 6.50 und 6.51 dargestellt. Eine Schaltung wird dann als selbsttestend bezeichnet, wenn in einem speziellen Testmodus außerhalb des normalen Betriebs ein Funktionstest durchgeführt werden kann. Die Schaltung wird durch ein entsprechendes Signal in den Testmodus geschaltet und führt dann selbständig den Test durch. Das Ergebnis besteht aus einem einzelnen Signal, das die Information go/no go trägt.

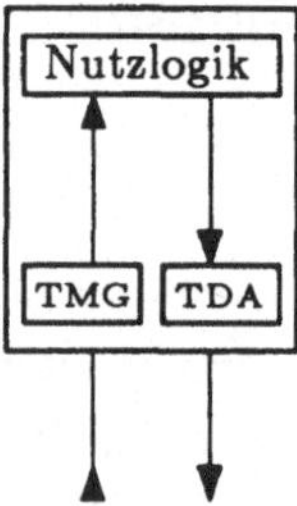

Bild 6.50: Selbsttestende Schaltung

Dadurch, daß bei diesem Vorgehen die Moduln als selbsttestende Schaltungen ausgeführt werden müssen, wächst der zusätzliche Schaltungsaufwand gegenüber dem Aufwand beim zentralen Selbsttest. Die Vorteile des dezentralen Selbsttests liegen darin, daß zum einen der Test weniger Zeit beansprucht als beim zentralen Test, zum anderen blockieren mögliche Fehler in der zusätzlichen Testlogik nicht das ganze System sondern nur ein Modul. Damit ist das System, wenn entsprechende Redundanz vorhanden ist, weiter betriebsbereit.

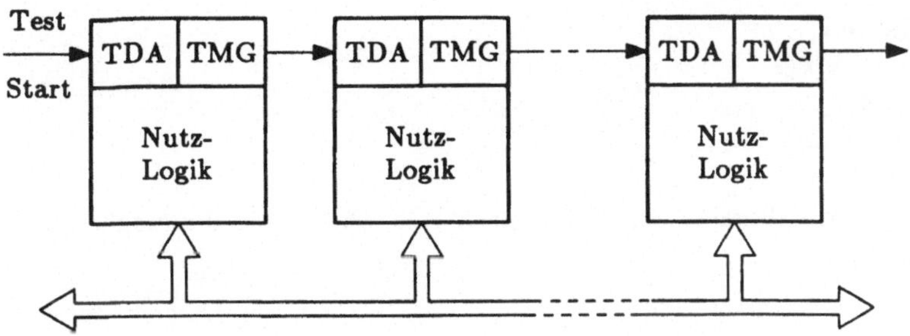

Bild 6.51: Dezentraler Selbsttest [Zwie82]

6.7 Aufgaben

Aufgabe 6.1

Für den Pseudozufallsgenerator (PZG) nach Bild A6.1 sollen die möglichen Zyklen bestimmt werden.

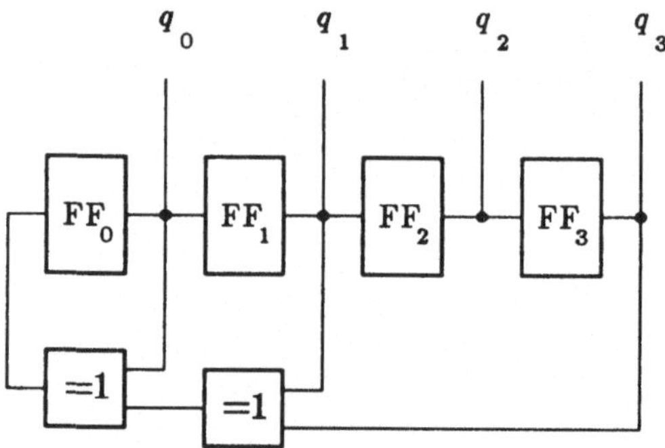

Bild A6.1: Pseudozufallsgenerator

Aufgabe 6.2

Gegeben ist das Signaturregister nach Bild A6.2. An das Register soll die Datenfolge

Nummer	1 2 3 ...
Bitfolge	0 1 0 0 1 0 1 0 0 0 0 1 1 0 1 0

in aufsteigender Numerierung angelegt werden. Welche Signaturen ergeben sich, wenn das Register mit

000000 bzw. 111111 initialisiert wird?

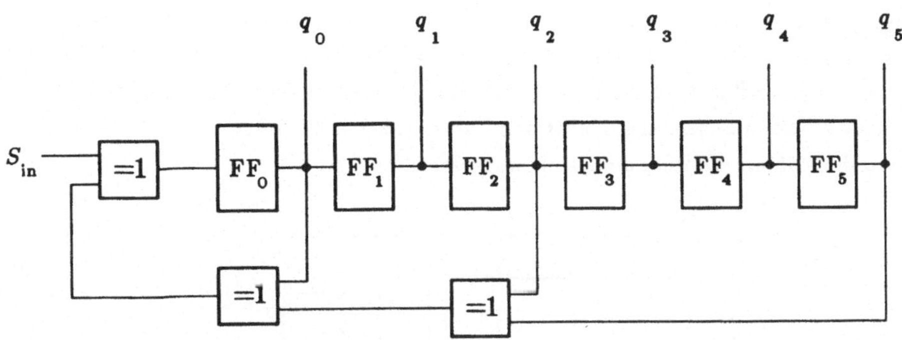

Bild A6.2: Serielles Signaturregister

Aufgabe 6.3

Die Funktion eines 4–Bit–Binärzählers soll mit einer Schaltungsanordnung nach Bild A6.3 überprüft werden.

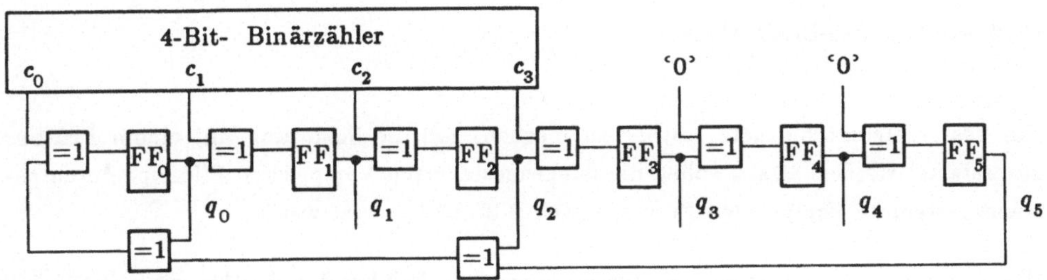

Bild A6.3: Parallele Signaturanalyse

Zähler und Signaturregister werden mit dem gleichen Takt betrieben. Welche Signatur ergibt sich, wenn das Signaturregister mit dem Wert '000000' initialisiert wird und der Zähler vom Startwert '0000' aufwärts zählt, bis er den Startwert wieder erreicht?

Aufgabe 6.4

Gegeben ist die in Bild A6.4 dargestellte Schaltung eines 2-Bit-Binärzählers. Der Zähler ist Teil einer größeren Schaltung. Außer den Takteingängen der Flipflops sind keine internen Knoten der Zählerschaltung steuer- bzw. beobachtbar.

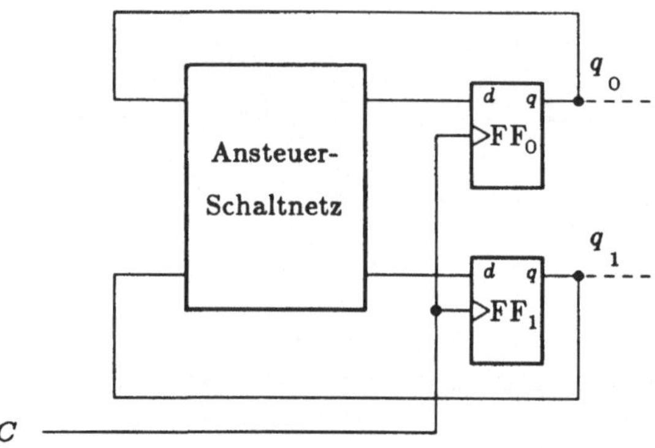

Bild A6.4: 2-Bit-Binärzähler

Um das Ansteuerschaltnetz testbar zu machen, soll die Schaltung mit einem Prüfbus ausgestattet werden. Dazu sollen die flankengesteuerten Vorspeicher-Flipflops durch zustandsgesteuerte Vorspeicher-Flipflops nach Bild A6.5 ersetzt werden.

Es soll eine Folge von Testmustern bestimmt werden, die über den Prüfbus die vollständige Testmenge an das Ansteuerschaltnetz anlegt und dessen Reaktionen ausliest.

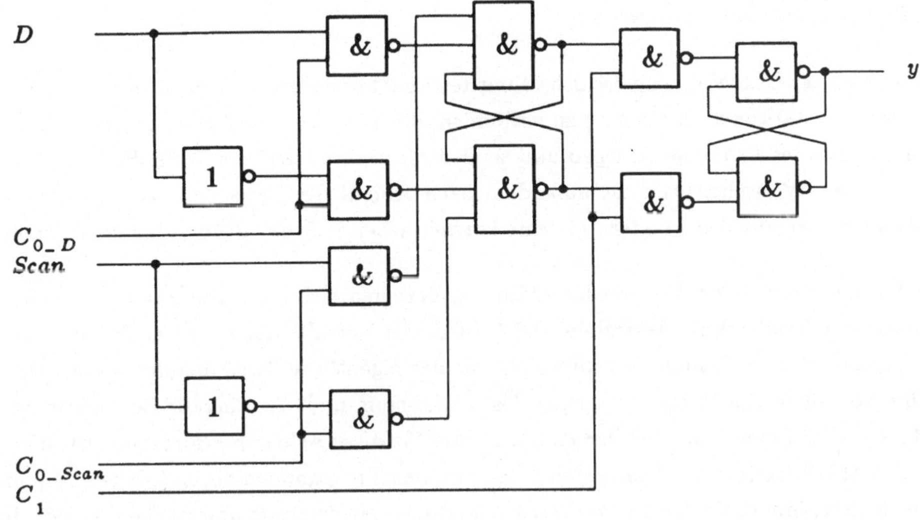

Bild A6.5: Zustandsgesteuertes Vorspeicher–Flipflop

7 Praktischer Schaltungstest

Im Rahmen der Durchführung des Schaltungstests geht es darum, eine Schaltung (Prüfling) mit einem Testautomaten (Tester) zu verbinden, die Testmenge im Tester zu erzeugen, an die Eingänge des Prüflings zu legen und schließlich nach Ablauf des Tests die Ergebnisse zu erfassen. Wünschenswert ist außerdem nach Ablauf des Tests eine Aussage, ob die Ergebnismuster mit den Mustern für eine korrekt arbeitende Schaltung übereinstimmen.

Die Vorbereitungen für die Testdurchführung beziehen sich zum Teil auf den Entwurf, nämlich was Testbarkeit, Testhilfen und Testmuster betrifft, doch sind auch eine Reihe testerspezifischer Aufgaben zu erfüllen, bevor der eigentliche Test ablaufen kann. Dazu gehört vor allem die Programmierung des Testablaufs und die Eingabe der Testmuster und möglicher Referenzwerte. Der Aufwand, der für diese Arbeiten erforderlich ist, hängt von den Möglichkeiten des Testsystems und von den Programmen ab, mit denen sich einzelne Schritte innerhalb der Testvorbereitung und Testauswertung unterstützen lassen. Im folgenden wird auf einige grundlegende Aufgaben dieses Bereiches ausführlicher eingegangen werden.

7.1 Testprogrammaufbau

Die Testdurchführung wird durch ein Testprogramm gesteuert, welches die folgenden Teilfunktionen ausführt:

1. Zuordnung von Testerkanälen und Prüflingsanschlüssen.

2. Eingabe der anzulegenden Testmuster

3. Festlegung von Frequenzen, Spannungen, Zeiten

In Bild 7.1 ist ein einfaches Testprogramm als Beispiel angegeben.

Die Beschreibung der Chipanschlüsse enthält eine Zuordnung der logischen Namen der Schaltung zu Testerkanälen und eine Aussage darüber, ob es sich um Dateneingabe (PAT), Datenausgabe (ACQ) oder beides (PAT, ACQ) handelt. Außerdem wird die Stromversorgung durch PS1 und PS2 festgelegt.

In weiteren Vereinbarungsteilen des Testprogramms werden Taktraten, Schwellspannungen und die Spannungsversorgung festgelegt. Es wird die Höhe der Versorgungsspannung

```
PROGRAM ALU181;
*
PINDEF; * Beschreibung der Chipanschluesse
INBO     : 1, PAT, ACQ;
INAO     : 2, PAT, ACQ;
SELECT3  : 3, PAT, ACQ;
SELECT2  : 4, PAT, ACQ;
SELECT1  : 5, PAT, ACQ;
SELECTO  : 6, PAT, ACQ;
CARRYIN  : 7, PAT, ACQ;
MODE     : 8, PAT , ACQ;
FOUTO    : 9, ACQ;
FOUT1    : 10, ACQ;
FOUT2    : 11, ACQ;
FOUT3    : 13, ACQ;
AEQB     : 14, ACQ;
X        : 15, ACQ;
CARRYOUT : 16, ACQ;
Y        : 17, ACQ;
INB3     : 18, PAT, ACQ;
INA3     : 19, PAT, ACQ;
INB2     : 20, PAT, ACQ;
INA2     : 21, PAT, ACQ;
INB1     : 22, PAT, ACQ;
INA1     : 23, PAT, ACQ;
GND      : 12, PS 1;
VDD      : 24, PS 2;
END;
*
TIMEDEF; * Definition der Taktraten
PAT : nS 500;
ACQ : nS 100;
END;
```

```
THRESHOLD; * Definition der Schwellspannung
ACQ : mV + 2000;
END;
*
PSDEF; * Definition der Spannungsversorgung
1 : mV 0;
2 : mV 5000, mA 400;
END;
DATADEF 256; * Anzahl der zu
             * erzeugenden Vektoren
* MODE     :   1;
* CARRYIN  :   1;
* SELECT3  :   1 (128L, 128H);
* SELECT2  :   2 ( 64L,  64H);
* SELECT1  :   4 ( 32L,  32H);
* SELECTO  :   8 ( 16L,  16H);
* INAO     :  16 (  8L, 8H);
* INA1     :  32 (  4L, 4H);
* INA2     :  64 (  2L, 2H);
* INA3     : 128 (   L,  H);
* INBO     : 128 (   L,  H);
* INB1     :  64 (  2L, 2H);
* INB2     :  32 (  4L, 4H);
* INB3     :  16 (  8L, 8H);
* END;
*
OUTDEF;          * Prioritäten in der
                 * Ausgabedatei
FOUTO, FOUT1, FOUT2, FOUT3, AEQB, X,
CARRYOUT, Y;
END;
ENDPROGRAM;
```

Bild 7.1: Beispiel für ein Testprogramm

definiert und der Strom angegeben, den ein Prüfling maximal aufnehmen darf. — Im Rahmen des Timing wird die Taktfrequenz vereinbart, bei welcher der Prüfling betrieben werden soll. Zusätzlich kann üblicherweise eine Zeitspanne genannt werden, die für eine Stabilisierung der Ausgangssignale ausreichend ist, so daß tatsächlich die Antwort auf ein Eingangsmuster erfaßt wird. Die Testmuster enthält der mit DATADEF eingeleitete Bereich. Dort wird festgelegt, über wieviele Taktperioden ein Signal jeweils "0" (L) bzw. "1" (H) sein soll. So bedeutet 16 (8L, 8H), daß das Signal INA0 16 Abschnitte hat, die jeweils aus 8 Takten "0" und 8 Takten "1" bestehen.

Den Abschluß des Testprogramms bildet die Vereinbarung über die auszugebenden Variablen.

Für die Testmustereingabe gibt es neben ihrer Formulierung als Teil des Testprogramms die Möglichkeit, Muster zu übernehmen, die zuvor im Entwurfsprozeß eingesetzt worden sind. Sind diese Muster speziell für den Test auf einem bestimmten Tester erstellt worden, so ist es meist möglich, von den speziellen Möglichkeiten des Testsystems Gebrauch zu machen, um zu möglichst kurzen Testzeiten zu kommen. Es können dann z.B. Schleifen konstruiert werden, in denen sich jeweils nur ein Bit ändert, oder es können ergebnisabhängige Verzweigungen im Programm dazu dienen, nur die relevanten Teile eines Testprogramms zu durchlaufen.

Der wesentliche Nachteil der Erstellung der Eingabemuster zum Testzeitpunkt besteht darin, daß normalerweise die Kenntnisse über den Prüfling beim Programmierer des Testers beschränkt sind, bzw. daß es häufig erheblicher Einarbeitung bedarf, um diesen Mangel auszugleichen. Dieses Problem tritt nicht auf, wenn für den Test diejenigen Muster eingesetzt werden, die schon im Rahmen des Entwurfs bei der logischen Simulation verwendet wurden. Allerdings können dann die Möglichkeiten des Testers meist nicht voll ausgeschöpft werden. Auch nimmt die Zeit für den Test einer Schaltung im allgemeinen zu. Andererseits wird die Zeit, die für die Erstellung eines Testprogramms benötigt wird, wesentlich verkürzt und die Programmerstellung wird vereinfacht, so daß das Testprogramm vom Entwerfer der Schaltung geschrieben werden kann. Außerdem wird die Auswertung des Tests vereinfacht, da aus der Simulation bereits alle Referenzdaten vorhanden sind. Dieses Verfahren bedingt aber auch eine enge Kopplung zwischen dem Entwurfs- und dem Testsystem, um einen reibungslosen Austausch der Daten zu ermöglichen.

7.2 Auswertung im Tester

Zur Auswertung eines Tests ist es erforderlich, Referenzwerte zu besitzen, mit denen die gemessene Schaltung verglichen wird. Teilweise wird bei komplexen Leiterplatten die getestete Schaltung mit einer bekannt guten Schaltung verglichen, wobei entweder die Meßergebnisse dieser Schaltung im Testsystem gespeichert werden oder die gute und die zu testende Schaltung werden simultan gemessen und verglichen. Ist die zu testende Schaltung beim Entwurf simuliert worden, so können die Meßergebnisse mit den Simulationsergebnissen verglichen werden. Allerdings ist dann die Vergleichbarkeit der Daten sicherzustellen, was insbesondere beim Timing und bei der Abbildung der unterschiedlichen logischen Werte Probleme bereitet. Für dieses Problem der Validierung der Simulationsergebnisse bzgl. bestimmter Testereigenschaften gibt es bisher keine allgemeingültigen Lösungen. Es kann umgangen werden, wenn bereits bei der Simulation einer Schaltung darauf geachtet wird, daß die Eingaben mit denen des avisierten Testers verträglich sind. Die genannten Schwierigkeiten des automatischen Vergleichs kann man beheben, wenn der Testingenieur die Auswertung vornimmt. Sinnvollerweise sollten dazu Ergebnisdaten und Referenzdaten graphisch aufbereitet werden, um den Vergleichsvorgang zu erleichtern.

7.3 Testeraufbau

Den Kern eines Testsystems bildet üblicherweise ein Prozeßrechner, z.B. eine *PDP 11* von *DEC* oder eine *Eclipse* von *Data General*. Dieser Prozessrechner ist mit entsprechender Peripherie wie Terminals, Plattenspeicher und Magnetbandgerät ausgestattet. An den Prozessrechner ist neben den Standardgeräten die eigentliche Testhardware angeschlossen.

Die Testhardware selbst umfaßt die zentrale Steuerung, die Versorgungseinheit, die Timing–Einheit und die Pin–Elektronik. Die Steuerung übernimmt vor allem die Synchronisation der einzelnen Komponenten des Meßsystems.

Die Versorgungseinheit umfaßt die Netzteile für die Versorgung des Prüflings und der Pin–Elektronik sowie Spannungsquellen als Referenz für die Schwellenspannungen. Zusätzlich kann dieses Modul Meßgeräte für den Betriebsstrom des Prüflings und die Eingangs– und Ausgangsströme einzelner Pins enthalten, um spezifizierte Parameter zu testen. Werden auch analoge und hybride Schaltungen geprüft, so sind weiter Meßgeräte, wie z.B. Impedanzmesser oder Wobbelgeneratoren notwendig. In Bild 7.2 ist die Konfiguration einer Testhardware dargestellt.

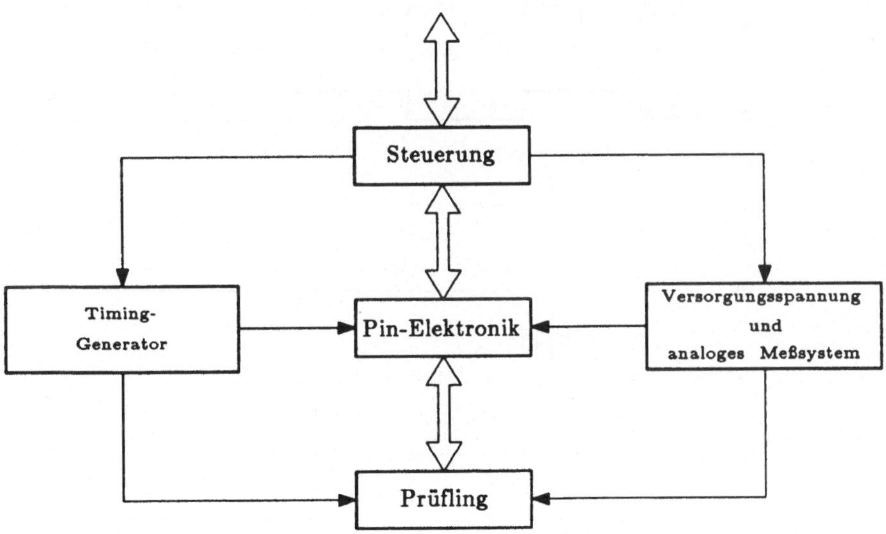

Bild 7.2: Konfiguration einer Testerhardware

Der Timing–Generator enthält einen zentralen Taktgenerator, aus dem verschiedene Timing–Kanäle mit unterschiedlichen Frequenzen und einstellbarem Taktverhältnis erzeugt werden können.

Der Timing–Generator erzeugt die für die zeitliche Steuerung des Tests notwendigen Signale. Die Basis für den Generator bildet ein symmetrischer Takt mit einstellbarer Frequenz Φ_1 (Bild 7.2). Dieser Takt kann in einem bestimmten Verhältnis geteilt werden. Damit kann sich ein Takt Φ_2 ergeben. Des weiteren läßt sich das Tastverhältnis der Takte verändern. Ein solcher Takt wäre z.B. Φ_3 in Bild 7.2, der aus Φ_2 gewonnen wurde.

Um Laufzeiten bestimmen zu können, ergibt sich außerdem die Notwendigkeit, den Zeitpunkt der Messung gegenüber dem Zeitpunkt der Änderung der Eingangsmuster definiert zu verschieben. Die Laufzeit wird dadurch ermittelt, daß die Verschiebung mit jedem Test verringert wird, bis Fehler auftreten. Ein solches Signal, das für die Datenaufnahme benutzt werden kann ist der Takt Φ_4, der gegenüber Φ_3 um die Zeit τ verschoben ist (Bild 7.3). Die Anzahl der Timing–Kanäle und die Möglichkeiten der Programmierung sind bei verschiedenen Testern sehr unterschiedlich, so daß mit dieser Darstellung nur die prinzipiellen Möglichkeiten aufgezeigt werden können.

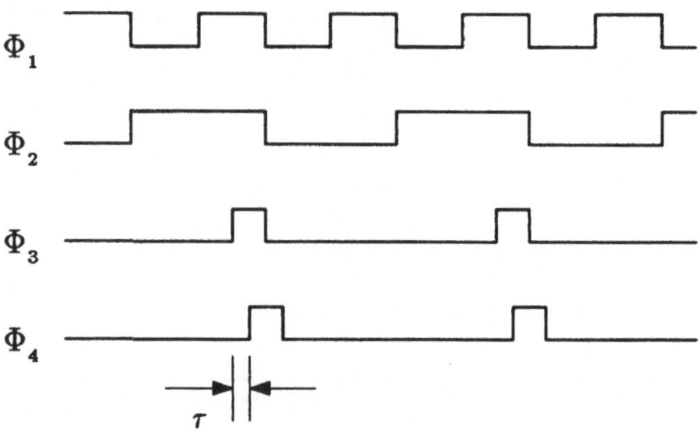

Bild 7.3: Timingsignale

Die Pin–Elektronik stellt die zentrale Baugruppe der Testerhardware dar. In ihrem Speicher werden die Ausgangswerte der logischen Signale für ein bestimmtes Pin bereitgestellt, die über einen Treiber mit variablem Pegel dem Anschluß zugeführt werden. Der Speicher für die Istwerte dient zur Aufnahme von Ergebnissen. Beide Einheiten werden gleichzeitig auf den Anschluß geschaltet, so daß sowohl Daten aufgenommen als auch Testmuster an den Pin gelegt werden können. Die Pin–Elektronik wird an ein Bussystem angeschlossen, über das die Speicher geladen bzw. gelesen werden können. Außerdem sind Anschlüsse des Timing–Generators notwendig, der die Zeitpunkte der Datenänderung bzw. –aufnahme festlegt. In Bild 7.4 ist beispielhaft eine einfache Pin–Elektronik dargestellt.

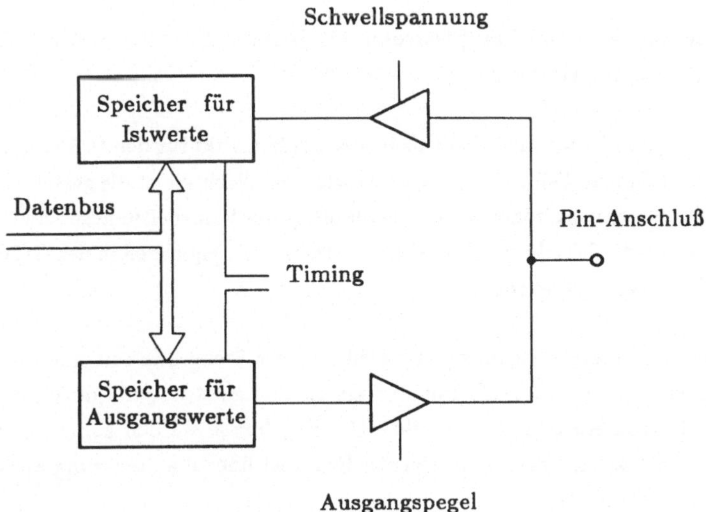

Bild 7.4: Einfache Pin–Elektronik

Obwohl insgesamt ein einfacher Aufbau vorliegt, treten in der Praxis große schaltungstechnische Probleme auf, wenn höhere Testfrequenzen erreicht werden sollen. Derzeit sind Tester für integrierte Schaltungen bis 50 MHz Testfrequenz erhältlich. Gleichzeitig wird eine große Speichertiefe für die Ausgangs– und die Istwerte gewünscht, um möglichst viele Testmuster an den Prüfling legen zu können, ohne daß die Speicher neu geladen werden müssen.

Dazu kommen Forderungen nach möglichst kleinen Laufzeitdifferenzen der einzelnen Kanäle ($< 1ns$) und einer großen Flankensteilheit. Neben diesen elektrischen Problemen treten auch Schwierigkeiten bei der mechanischen Adaption des Prüflings auf, da eine große Anzahl von Anschlüssen an den Prüfling geführt werden muß, ohne daß diese sich gegenseitig beeinflussen.

7.4 Testablauf

Für den Testablauf gibt es einige unterschiedliche Prinzipien, die je nach Ausrichtung eines bestimmten Tests angewendet werden können. Die Eigenschaften der verschiedenen Verfahren werden im folgenden angegeben.

- Die Steuerung setzt die Pin–Elektronik für jeden Taktzyklus und verarbeitet nach jedem Takt die Information.

  Dieses Verfahren bietet die Möglichkeit, nach jedem Takt für den Prüfling den Test abzubrechen, wenn ein Fehler festgestellt wurde. Der Nachteil ist die geringe Testrate, da die Testfrequenz nicht höher werden kann als es die Verarbeitungsgeschwindigkeit der Steuerung zuläßt. Mit diesem Verfahren können Testfrequenzen in der Größenordnung von 5 MHz realisiert werden.

- Der Speicher für die Ausgangswerte wird von der Steuerung mit niedriger Frequenz geladen, der Test selbst läuft mit der Geschwindigkeit ab, die durch den Speicher und den Taktgenerator gegeben sind. Die Ergebnisse werden zunächst im Istwert–Speicher abgelegt und nach dem eigentlichen Test über die Steuerung ausgelesen und im Rechner verarbeitet.

  Dieses Prinzip läßt wesentlich höhere Testfrequenzen zu als das erste Verfahren. Außerdem stehen die Testergebnisse zur Fehlerdiagnose im Rechner zur Verfügung. Dieses Testprinzip findet deshalb seine bevorzugte Anwendung in der Entwicklung. Der Nachteil des Verfahrens liegt darin, daß nach jedem Test die Ergebnisse zur Auswertung in den Rechner geladen werden müssen, so daß kein hoher Durchsatz erzielt werden kann.

- Bei einem weiteren Verfahren werden, wie oben beschrieben, die Speicher der Ausgangswerte von der Steuerung geladen. Gleichzeitig werden aber auch die Eingangsspeicher mit den Sollwerten vorbelegt. Mit einem eingebauten Komparator wird geprüft, ob zwischen dem Sollwert und dem gemessenen Wert eine Differenz auftritt. In einem solchen Fall wird ein Signal erzeugt, über das der Test von der Steuerung abgebrochen werden kann.

  Dieses Verfahren bietet außer der hohen Testfrequenz noch den Vorteil, daß bei einer fehlerfreien Schaltung die Testergebnisse nicht weiter von der Steuerung und dem Rechner verarbeitet werden. Nach dem Laden der Pinspeicher zu Beginn des Tests können beliebig viele Schaltungen getestet werden, ohne daß eine Ladeoperation notwendig wird. Tester mit dieser Charakteristik werden deshalb bevorzugt als Produktionstester eingesetzt, wo ein hoher Durchsatz gefordert wird.

Der Steuerrechner des Testsystems wird mit einem Mehrbenutzer–Betriebssystem ausgestattet, um gleichzeitig testen und Testprogramme entwickeln zu können. Dazu sind entsprechende Programme wie Editoren, Compiler und auch Programme zur Kommunikation vorhanden.

Die Programmiersprachen, in denen Tests beschrieben werden, sind meist an eine der bekannten Programmiersprachen wie *PASCAL* oder *FORTRAN* angelehnt. Diese Sprachen werden um spezielle Anweisungen für den Test erweitert. Auf die Details einer solchen Testsprache kann an dieser Stelle nicht eingegangen werden, da die Sprachen sehr komplex sind und eine Vielzahl testerspezifischer Befehle enthalten.

8 Lösungsvorschläge zu den Aufgaben

Lösungsvorschlag zur Aufgabe 2.1

Aus der Schaltung wird zunächst die Funktionsgleichung ermittelt. Diese lautet:

$$y = \bar{a}\,\bar{b}c + a\bar{b}\,\bar{d} + acd + a\bar{c}d + \bar{a}bc$$

Daran anschließend werden für jeden Term der Funktionsgleichung die Felder im KV–Diagramm mit '1' markiert, deren Lage bezüglich der Variablenbereiche den betreffenden Term erfüllen. Für den Term $\bar{a}\,\bar{b}c$ sind dies beispielsweise die Felder, die

- nicht im Bereich a,
- nicht im Bereich b
- und im Bereich c liegen.

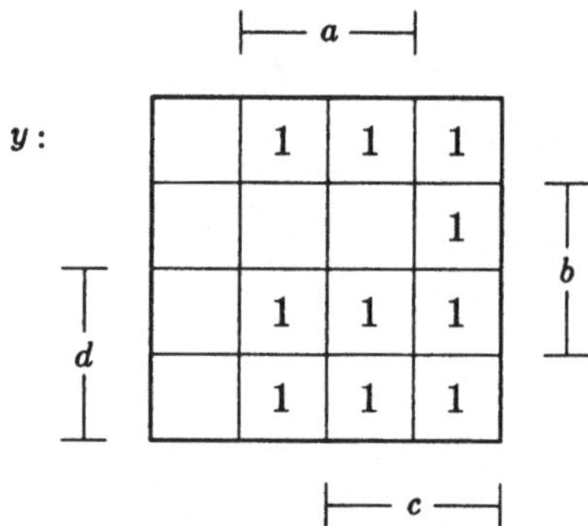

Bild 8.1: Darstellung der Funktion y im KV–Diagramm

Diese Bedingung erfüllen im gegebenen KV–Diagramm die Eckfelder rechts unten und rechts oben. Auf alle Terme angewandt erhält man die Belegung nach Bild 8.1. Danach werden im KV–Diagramm die mit '1' belegten Felder nach folgenden Regeln zu Blöcken zusammengefaßt:

1. zwei benachbarte Felder dürfen immer zusammengefaßt werden;
2. einzelne Felder und Blöcke dürfen zusammengefaßt werden, falls sie sich nur in einer Variablen unterscheiden;

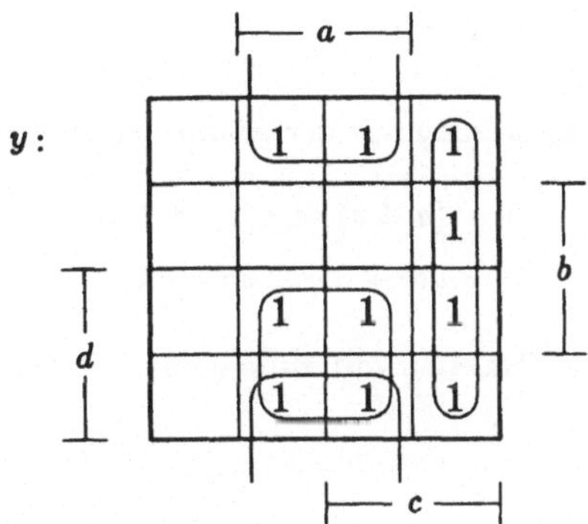

Bild 8.2: Zusammenfassung zu Blöcken

3. die Anzahl der Blöcke soll minimal werden.

Bild 8.2 zeigt die Zusammenfassung für die Funktion y. Jeder Block liefert einen konjunktiven Term, der eine Variable

- *nicht negiert* enthält, falls der Block vollständig innerhalb des Variablenbereichs liegt,
- *negiert* enthält, falls der Block vollständig außerhalb des Variablenbereichs liegt.

Die minimisierte Funktion ergibt sich durch disjunktive Verknüpfung der Terme. Im vorliegenden Beispiel erhält man damit als minimisierte Funktion:

$$y = a\bar{b} + ad + \bar{a}c$$

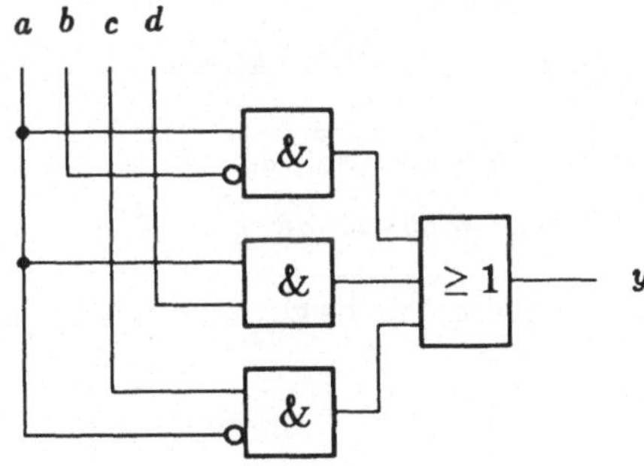

Bild 8.3: Schaltung der minimisierten Funktion

Lösungsvorschlag zur Aufgabe 2.2

Zunächst wird die Funktionsgleichung aus der Schaltung ermittelt:

$$\begin{aligned} y &= (a \not\equiv b) \cdot c + a \cdot (b + d) \\ &= \bar{a}bc + a\bar{b}c + ab + ad \end{aligned}$$

Im nächsten Schritt wird die Funktion mit Hilfe eines KV–Diagramms minimisiert (Bild 8.4).

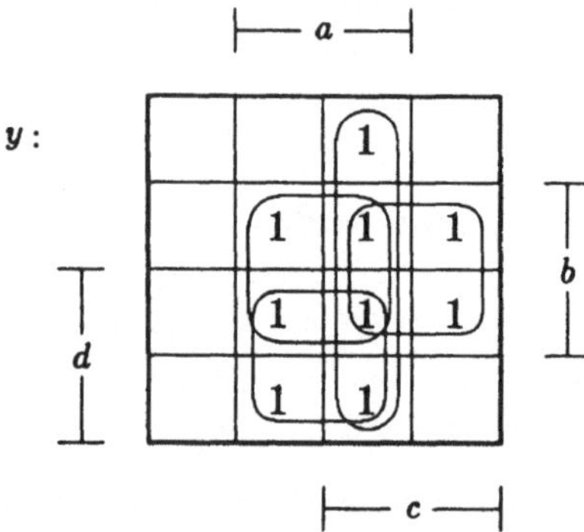

Bild 8.4: Darstellung der Funktion y im KV–Diagramm

Durch die Zusammenfassung im KV–Diagramm ergibt sich die minimisierte Funktion:

$$y = ab + ac + ad + bc$$

Auf diese Funktion werden dann die DE MORGANschen Gesetze angewandt.

$$\begin{aligned} y &= \overline{\overline{ab + ac + ad + bc}} \\ &= \overline{\overline{ab} \cdot \overline{ac} \cdot \overline{ad} \cdot \overline{bc}} \end{aligned}$$

Die resultierende Gleichung kann direkt in die gesuchte Schaltung umgesetzt werden (Bild 8.5).

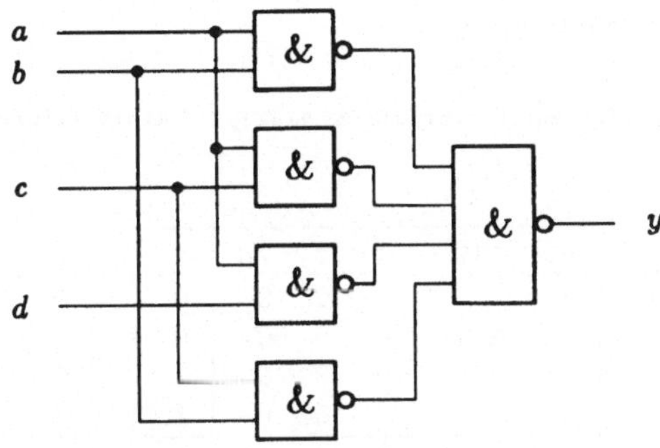

Bild 8.5: Äquivalente Schaltung

Lösungsvorschlag zur Aufgabe 2.3

Zunächst wird die Wahrheitstabelle für die Ausgangsfunktion aufgestellt (Tabelle 8.1).

Verknüpfung	S_2	S_1	S_0	b	a	y
	0	0	0	0	0	0
$y = a \cdot b$	0	0	0	0	1	0
	0	0	0	1	0	0
	0	0	0	1	1	1
	0	0	1	0	0	0
$y = \overline{a} \cdot b$	0	0	1	0	1	0
	0	0	1	1	0	1
	0	0	1	1	1	0
	0	1	0	0	0	0
$y = a + b$	0	1	0	0	1	1
	0	1	0	1	0	1
	0	1	0	1	1	1
	0	1	1	0	0	1
$y = a + \overline{b}$	0	1	1	0	1	1
	0	1	1	1	0	0
	0	1	1	1	1	1
nicht definiert	1	0	0	X	X	X
	1	0	1	0	0	0
$y = a \not\equiv b$	1	0	1	0	1	1
	1	0	1	1	0	1
	1	0	1	1	1	0
	1	1	0	0	0	1
$y = \overline{a} + b$	1	1	0	0	1	0
	1	1	0	1	0	1
	1	1	0	1	1	1
	1	1	1	0	0	0
$y = a \cdot \overline{b}$	1	1	1	0	1	1
	1	1	1	1	0	0
	1	1	1	1	1	0

Tabelle 8.1: Darstellung der Ausgangsfunktion in einer Wahrheitstabelle

Daran anschließend wird die Funktion mit Hilfe des KV–Diagramms in Bild 8.5 minimisiert. Man erhält folgende Ausgangsfunktion:

$$y = \overline{S}_0 S_1 b + S_1 \overline{S}_2 a + \overline{S}_0 S_2 \overline{a} + \overline{S}_0 ab + S_0 S_1 \overline{S}_2 \overline{b} + S_0 \overline{S}_1 \overline{a} b + S_0 S_2 a \overline{b}.$$

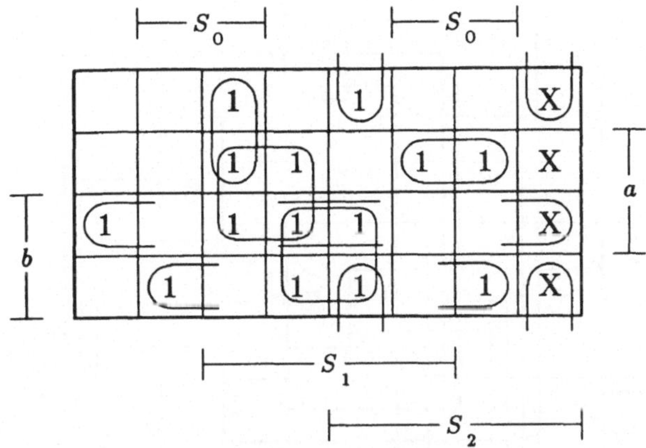

Bild 8.6: Darstellung der Ausgangsfunktion im KV–Diagramm

Die Funktion wird mit Hilfe der DE MORGANschen Gesetze so umgeformt, daß sie nur NAND–Verknüpfungen der Variablen und ihrer Komplemente enthält:

$$y = \overline{\overline{\overline{S}_0 S_1 b + S_1 \overline{S}_2 a + \overline{S}_0 S_2 \overline{a} + \overline{S}_0 ab + S_0 S_1 \overline{S}_2 \overline{b} + S_0 \overline{S}_1 \overline{a} b + S_0 S_2 a \overline{b}}}$$
$$= \overline{\overline{\overline{S}_0 S_1 b} \cdot \overline{S_1 \overline{S}_2 a} \cdot \overline{\overline{S}_0 S_2 \overline{a}} \cdot \overline{\overline{S}_0 ab} \cdot \overline{S_0 S_1 \overline{S}_2 \overline{b}} \cdot \overline{S_0 \overline{S}_1 \overline{a} b} \cdot \overline{S_0 S_2 a \overline{b}}}$$

Diese Gleichung kann direkt in eine Schaltung, Bild 8.7, umgesetzt werden.

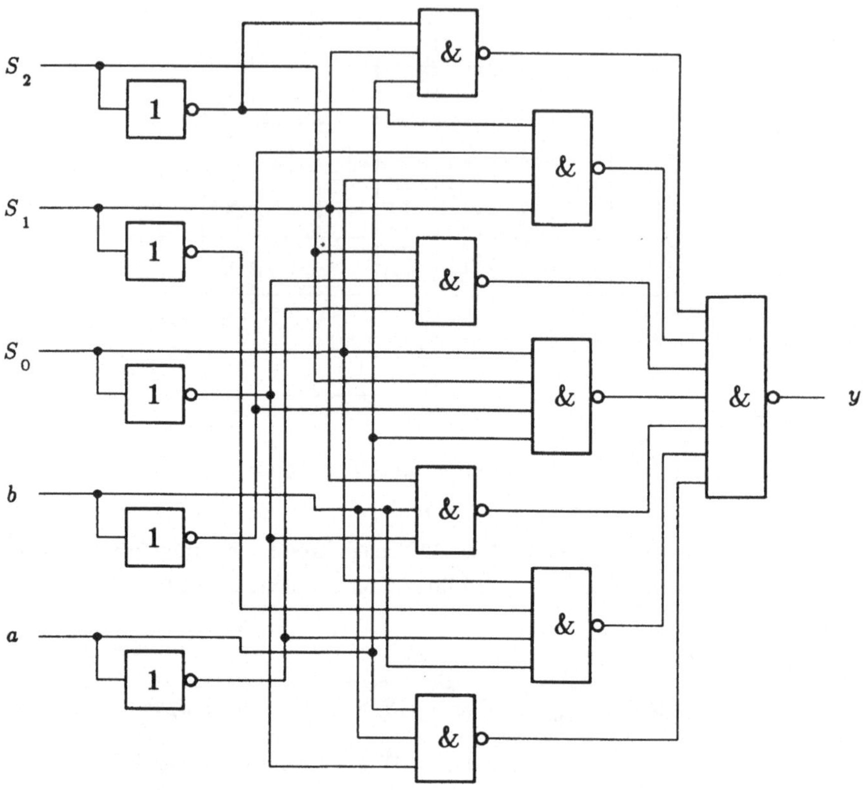

Bild 8.7: Symbolische Darstellung des Schaltnetzes

Lösungsvorschlag zur Aufgabe 2.4

Zunächst wird durch die Festlegung der möglichen Zustände des Schaltwerks die Aufgabenstellung formalisiert:

Zustand 0, Z_0: FEHLER (Anfangszustand)
Zustand 1, Z_1: WARTEN
Zustand 2, Z_2: MESSUNG
Zustand 3, Z_3: FERTIG

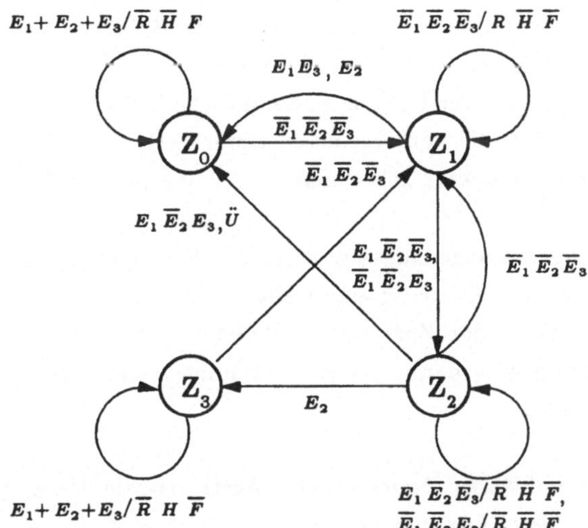

Bild 8.8: Übergangsgraph

Mit diesen Zuständen läßt sich der Übergangsgraph nach Bild 8.8 angeben. In Bild 8.8 sind die Ausgangssignale nur dort markiert, wo das Schaltwerk in einem Zustand verharrt. Damit wird angedeutet, daß die Ausgangssignale ausschließlich von den Zuständen des Schaltwerks abhängen sollen.

Nach Anlegen der Betriebsspannung nimmt das Schaltwerk zunächst den Zustand Z_0, FEHLER, ein. Im Fehlerzustand verharrt das Schaltwerk so lange, wie eine der Lichtschranken eine Unterbrechung meldet. Sobald alle Lichtschranken frei sind, wird der Zustand Z_1, WARTEN, eingenommen.

Der Fehlerzustand wird als Anfangszustand gewählt, damit Fahrzeuge, die sich zum Einschaltzeitpunkt innerhalb der Meßstrecke befinden, keine fehlerhafte Messung auslösen.

Unterbricht im Wartezustand ein Fahrzeug eine der beiden äußeren Lichtschranken, geht das Schaltwerk in den Zustand Z_2, MESSUNG, über und der Zählvorgang wird durch R = 0 gestartet. Fahren von links und rechts gleichzeitig Fahrzeuge in die Meßstrecke hinein oder wird die mittlere Lichtschranke unterbrochen (z.B. durch manuellen Eingriff), wechselt das Schaltwerk vom Wartezustand in den Fehlerzustand.

Im Zustand MESSUNG können zwei Ereignisse den Übergang in den Fehlerzustand verursachen: die zweite äußere Lichtschranke wird unterbrochen, d.h. ein zweites Fahrzeug fährt aus der Gegenrichtung in die Meßstrecke hinein oder der Grenzwert für die Meßdauer wird überschritten, wobei durch $\ddot{U} = 1$ ein Überlauf des Zählers angezeigt wird.

Tritt während einer Messung der Fall ein, daß sämtliche Lichtschranken frei melden, kann man davon ausgehen, daß die vorhergehende Unterbrechung nicht durch ein Fahrzeug verursacht wurde. Das Schaltwerk kehrt dann in den Wartezustand zurück.

Eine Messung wird korrekt abgeschlossen, wenn das Fahrzeug die mittlere Lichtschranke erreicht. Dann darf auch gleichzeitig ein zweites Fahrzeug in die Meßstrecke einfahren. Das Schaltwerk wechselt in den Zustand Z_3, FERTIG, und der Zähler wird mit H = 1 angehalten. Gleichzeitig wird damit der Auswerteinheit angezeigt, daß der Zähler einen gültigen Meßwert enthält.

Die 4 Zustände des Schaltwerks können durch 2 Zustandsvariablen q_0, q_1 beschrieben werden. Codiert man die Zustände entsprechend ihrer Indizes binär, erhält man Tabelle 8.2 für den Zusammenhang zwischen den Zuständen und Zustandsvariablen.

	q_1	q_0
Z_0	0	0
Z_1	0	1
Z_2	1	0
Z_3	1	1

Tabelle 8.2: Zustandscodierung

Die Zustandsvariablen sollen durch D-Flipflops mit Rücksetzeingang realisiert werden. Die Rücksetzeingänge können dazu benutzt werden, das Übertragssignal $\ddot{U}$ des Zählers zu

Eingänge E_3^t	E_2^t	E_1^t	Zustände Nr.	q_1^t	q_0^t	Folgezustände Nr.	q_1^{t+1}	q_0^{t+1}
0	0	0	0	0	0	1	0	1
0	0	1		0	0	0	0	0
0	1	0		0	0	0	0	0
0	1	1		0	0	0	0	0
1	0	0		0	0	0	0	0
1	0	1		0	0	0	0	0
1	1	0		0	0	0	0	0
1	1	1		0	0	0	0	0
0	0	0	1	0	1	1	0	1
0	0	1		0	1	2	1	0
0	1	0		0	1	0	0	0
0	1	1		0	1	0	0	0
1	0	0		0	1	2	1	0
1	0	1		0	1	0	0	0
1	1	0		0	1	0	0	0
1	1	1		0	1	0	0	0
0	0	0	2	1	0	1	0	1
0	0	1		1	0	2	1	0
0	1	0		1	0	3	1	1
0	1	1		1	0	3	1	1
1	0	0		1	0	2	1	0
1	0	1		1	0	0	0	0
1	1	0		1	0	3	1	1
1	1	1		1	0	3	1	1
0	0	0	3	1	1	1	0	1
0	0	1		1	1	3	1	1
0	1	0		1	1	3	1	1
0	1	1		1	1	3	1	1
1	0	0		1	1	3	1	1
1	0	1		1	1	3	1	1
1	1	0		1	1	3	1	1
1	1	1		1	1	3	1	1

Tabelle 8.3: Übergangstabelle

verarbeiten. Damit braucht dieses Signal bei der Beschreibung des Übergangsverhaltens in Tabelle 8.3 nicht mehr berücksichtigt zu werden.

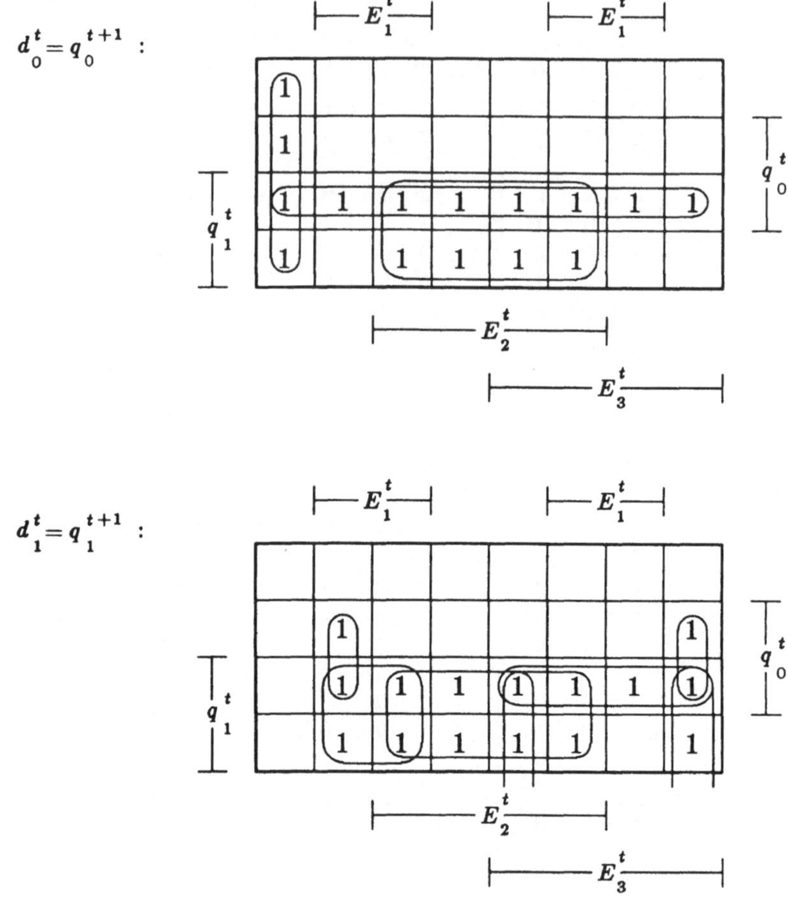

Bild 8.9: KV–Diagramm der Ansteuergleichung

Mit der Ansteuerbedingung für das D–Flipflop

$$d^t = q^{t+1}$$

können die Ansteuergleichungen für die Eingänge d_0 und d_1 aus der Übergangstabelle bestimmt werden. Dazu werden die KV–Diagramme in Bild 8.9 verwendet, um die Funktionen gleichzeitig zu minimisieren. Man erhält folgende Ansteuergleichungen:

$$\begin{aligned} d_0^t &= E_2^t q_1^t + q_0^t q_1^t + \overline{E}_1^t \overline{E}_2^t \overline{E}_3^t \\ &= E_2^t q_1^t + q_0^t q_1^t + \overline{E_1^t + E_2^t + E_3^t}; \end{aligned}$$

$$\begin{aligned} d_1^t &= E_2^t q_1^t + E_1^t \overline{E}_3^t q_1^t + \overline{E}_1^t E_3^t q_1^t + E_1^t \overline{E}_2^t \overline{E}_3^t q_0^t + \overline{E}_1^t \overline{E}_2^t E_3^t q_0^t + E_3^t q_0^t q_1^t \\ &= E_2^t q_1^t + (E_1^t \not\equiv E_3^t) q_1^t + (E_1^t \not\equiv E_3^t) \overline{E}_2^t q_0^t + E_3^t q_0^t q_1^t. \end{aligned}$$

Die Funktionsgleichungen der Schaltwerksausgänge sollen nur von den Zustandsvariablen abhängen und können daher direkt aus der Wahrheitstabelle 8.4 bestimmt werden.

q_1^t	q_0^t	R^t	H^t	F^t
0	0	0	0	1
0	1	1	0	0
1	0	0	0	0
1	1	0	1	0

Tabelle 8.4: Wahrheitstabelle der Ausgangsfunktionen

Man erhält damit für die Ausgangsfunktionen die Gleichungen:

$$\begin{aligned} R^t &= q_0^t \overline{q}_1^t, \\ H^t &= q_1^t q_0^t, \\ F^t &= \overline{q}_0^t \overline{q}_1^t \end{aligned}$$

Bei der schaltungstechnischen Realisierung kann ausgenutzt werden, daß die Terme $E_2^t q_1^t$ und $q_1^t q_0^t$ in den ermittelten Ansteuer- bzw. Ausgangsgleichungen mehrfach auftreten. Bild 8.10 zeigt die symbolische Darstellung des Schaltwerks.

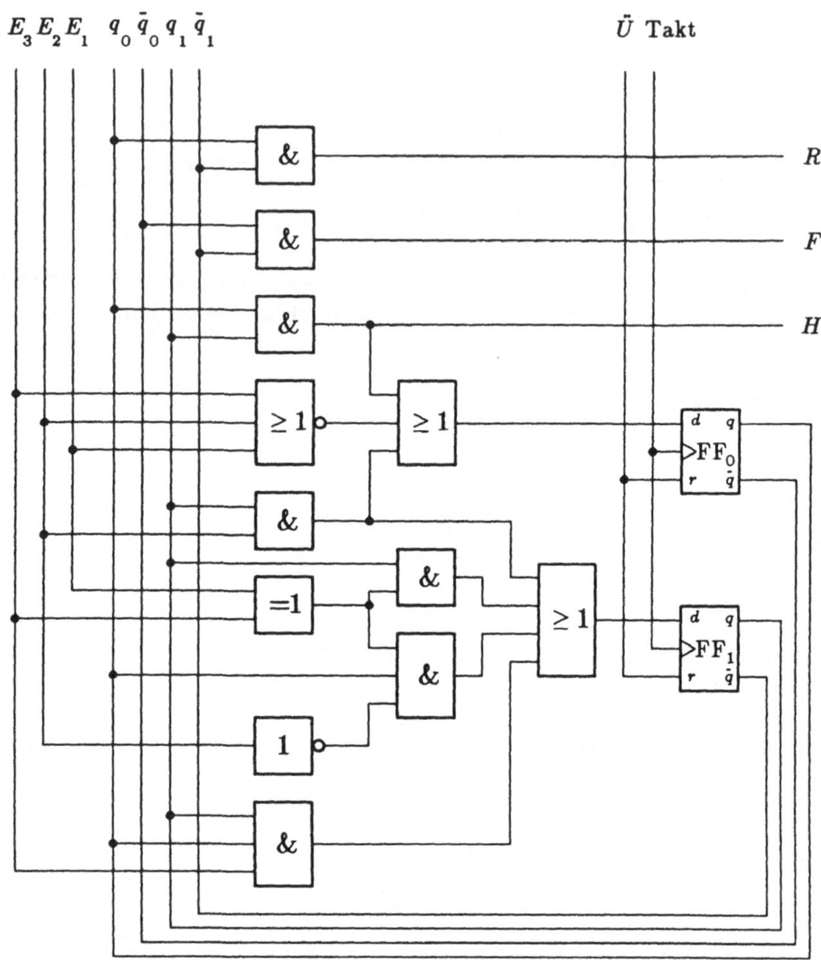

Bild 8.10: Schaltbild des Schaltwerks

Lösungsvorschlag zur Aufgabe 4.1

Die möglichen Fehlerorte in der Schaltung sind identisch mit den primären Eingängen bzw. dem primären Ausgang und werden daher nicht eigens gekennzeichnet. Die Funktionsgleichung des Antivalenzgatters mit UND- und ODER-Verknüpfungen lautet:

$$y = \bar{a}b + a\bar{b}$$

Zunächst werden die Fehlerfunktionen, d.h. die Funktionsgleichungen, für angenommene Einzelhaftfehler an den möglichen Fehlerorten ermittelt und in Tabelle 8.5 eingetragen.

Fehlerort	Fehler	Fehlerfunktion
a	s-1	$f_1 = \bar{b}$
a	s-0	$f_2 = b$
b	s-1	$f_3 = \bar{a}$
b	s-0	$f_4 = a$
y	s-1	$f_5 = 1$
y	s-0	$f_6 = 0$

Tabelle 8.5: Fehlerfunktionen

Aus der Tabelle der Fehlerfunktionen wird die Ausfallmatrix, Tabelle 8.6, bestimmt. Sie enthält für alle Eingangskombinationen das Ausgangsverhalten der Fehlerfunktionen sowie der fehlerfreien Funktion.

Nr.	b a	y	f_1	f_2	f_3	f_4	f_5	f_6
0	0 0	0	1	0	1	0	1	0
1	0 1	1	1	0	0	1	1	0
2	1 0	1	0	1	1	0	1	0
3	1 1	0	0	1	0	1	1	0

Tabelle 8.6: Ausfallmatrix

Die Ausfallmatrix wird zeilenweise ausgewertet. In Tabelle 8.7 werden für jede Eingangskombination die Fehlerfunktionen aufgelistet, deren Ausgangsverhalten sich vom fehlerfreien Fall unterscheidet.

Test	b	a	getestete Fehler
t_0	0	0	f_1, f_3, f_5
t_1	0	1	f_2, f_3, f_6
t_2	1	0	f_1, f_4, f_6
t_3	1	1	f_2, f_4, f_5

Tabelle 8.7: Getestete Fehler

Eine mögliche Mindesttestmenge bestimmt sich damit zu:

$$M = \{t_0, t_1, t_2\}.$$

Lösungsvorschlag zur Aufgabe 4.2

Die Funktionsgleichung kann direkt in die Schaltung nach Bild 8.11 umgesetzt werden. Die möglichen Fehlerorte sind in Bild 8.11 bereits markiert. In Tabelle 8.8 sind die Fehlerfunktionen angegeben, wobei die äquivalenten Fehler markiert sind.

Fehlerort	Fehler	Fehlerfunktion
a	s-1	$f_1 = \bar{b}$
a	s-0	$f_2 = b$
b	s-1	$f_3 = \bar{a}$
b	s-0	$f_4 = \mathrm{a}$
c	s-1	$f_5 = \mathrm{a}\,\bar{b}$
c	s-0	$f_6 = a \cdot \bar{b} + b$
d	s-1	$f_7 = \bar{a} \cdot b$
d	s-0	$f_8 = \bar{a} \cdot b + a$
e	s-1	$f_9 = \bar{a} \cdot b + \bar{b}$
e	s-0	$f_{10} = \bar{a} \cdot b \quad \equiv f_7$
f	s-1	$f_{11} = \mathrm{a}\,\bar{b} + \bar{a}$
f	s-0	$f_{12} = a\bar{b} \quad \equiv f_5$
g	s-1	$f_{13} = 1$
g	s-0	$f_{14} = a\bar{b} \quad \equiv f_5$
h	s-1	$f_{15} = 1 \quad \equiv f_{13}$
h	s-0	$f_{16} = \bar{a}b \quad \equiv f_7$
y	s-1	$f_{17} = 1 \quad \equiv f_{13}$
y	s-0	$f_{18} = 0$

Tabelle 8.8: Fehlerfunktionen

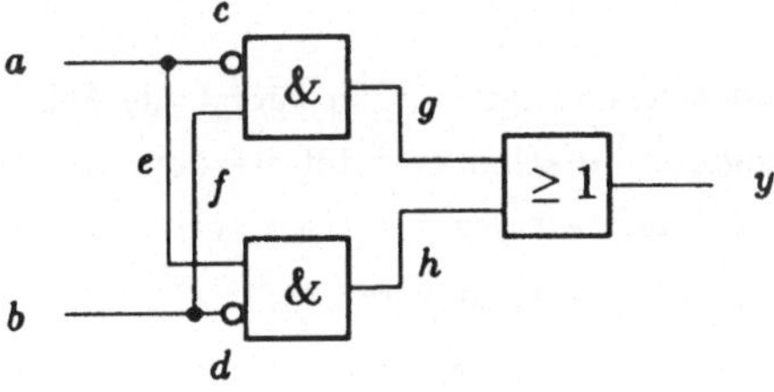

Bild 8.11: Antivalenzschaltung mit Fehlerorten

Aus der Tabelle der Fehlerfunktionen kann die Ausfallmatrix, Tabelle 8.9, bestimmt werden.

Nr.	b	a	y	f_1	f_2	f_3	f_4	f_5	f_6	f_7	f_8	f_9	f_{11}	f_{13}	f_{18}
0	0	0	0	1	0	1	0	0	0	0	0	1	1	1	0
1	0	1	1	1	0	0	1	1	1	0	1	1	1	1	0
2	1	0	1	0	1	1	0	0	1	1	1	1	1	1	0
3	1	1	0	0	1	0	1	0	1	0	1	0	0	1	0

Tabelle 8.9: Ausfallmatrix

Da äquivalente Fehler nicht unterschieden werden können, sind in der Ausfallmatrix jeweils nur die ersten der äquivalenten Fehlerfunktionen berücksichtigt. Ein spaltenweiser Vergleich der Fehlerfunktionen in der Ausfallmatrix ergibt, daß auch die Fehler f_6 und f_8 bzw. f_9 und f_{11} äquivalent sind.

In die Tabelle der getesteten Fehler, Tabelle 8.10, werden daher nur die folgenden Fehler aufgenommen:

$$f_1, f_2, f_3, f_4, f_5, f_6, f_7, f_9, f_{13}, f_{18}$$

Test	b	a	getestete Fehler
t_0	0	0	f_1, f_3, f_9, f_{13}
t_1	0	1	f_2, f_3, f_7, f_{18}
t_2	1	0	f_1, f_4, f_5, f_{18}
t_3	1	1	f_2, f_4, f_6, f_{13}

Tabelle 8.10: Zuordnung von Tests und Fehlern

Zur Bestimmung der Mindesttestmenge werden zuerst die Fehler herangezogen, die nur von einer einzigen Eingangskombination getestet werden. Die betreffenden Testmuster sind immer Elemente der Mindesttestmenge. Im vorliegenden Beispiel werden

- f_9 nur von t_0,
- f_7 nur von t_1,
- f_5 nur von t_2 und
- f_6 nur von t_3

getestet. Daher ist die Mindesttestmenge in diesem Fall identisch mit der vollständigen Testmenge:

$$M = T = \{t_0, t_1, t_2, t_3\}.$$

Lösungsvorschlag zur Aufgabe 4.3

Für die gegebene Schaltung gilt folgende Funktionsgleichung:

$$y = a \cdot \bar{b} + \overline{(a + \bar{b} + c)}$$

Die Anwendung der DE MORGANschen Gesetze liefert die disjunktive Form:

$$y = (a \cdot \bar{b}) + (\bar{a} \cdot b \cdot \bar{c})$$

Nun werden die BOOLEschen Differenzen nach den Eingangsvariablen gebildet:

$$\begin{aligned}
y_a &= y\big|_{a=0} \not\equiv y\big|_{a=1} \\
&= b\bar{c} \not\equiv \bar{b} \\
&= b\bar{c} \cdot b + \overline{b\bar{c}} \cdot \bar{b} \\
&= b\bar{c} + \bar{b}
\end{aligned}$$

$$\begin{aligned}
y_b &= y\big|_{b=0} \not\equiv y\big|_{b=1} \\
&= a \not\equiv \bar{a}\,\bar{c} \\
&= a \cdot \overline{\bar{a}\,\bar{c}} + \bar{a} \cdot \bar{a}\,\bar{c} \\
&= a \cdot (a + c) + \bar{a}\,\bar{c} \\
&= a + \bar{a}\,\bar{c}
\end{aligned}$$

$$\begin{aligned}
y_c &= y\big|_{c=0} \not\equiv y\big|_{c=1} \\
&= (a\bar{b} + \bar{a}b) \not\equiv a\bar{b} \\
&= (a\bar{b} + \bar{a}b)\,\overline{a\bar{b}} + \overline{(a\bar{b} + \bar{a}b)}a\bar{b} \\
&= a\bar{b} \cdot \overline{a\bar{b}} + \bar{a}b\overline{a\bar{b}} + \overline{a\bar{b}} \cdot \overline{\bar{a}b} \cdot a\bar{b} \\
&= \bar{a}b\overline{a\bar{b}} \\
&= \bar{a}b(\bar{a} + b) \\
&= \bar{a}b
\end{aligned}$$

Zur Bestimmung der Eingangskombinationen, die eine Variable testen, wird die BOOLEsche Differenz nach dieser Variable auf '1' gesetzt. Diese Bedingung liefert die möglichen Kombinationen der übrigen Variablen in den gesuchten Testmustern. Wegen der BOOLEschen Differenz ist der Wert der betrachteten Variablen zunächst unbestimmt. Das Testmuster wird bestimmt, indem für den Test der Variablen auf *s*–0 eine '1', für den Test auf

Variable	c b a	s-0	s-1
a	0 1 -	t_3	t_2
	0 0 -	t_1	t_0
	1 0 -	t_5	t_4
b	0 - 1	t_3	t_1
	1 - 1	t_7	t_5
	0 - 0	t_2	t_0
c	- 1 0	t_6	t_2

Tabelle 8.11: Testpaare

s–1 eine '0' eingesetzt wird. Die resultierenden Testpaare sind in Tabelle 8.11 zusammengefaßt.

Eine gesuchte Mindesttestmenge muß die Testmuster t_2 und t_6 enthalten, da diese allein die Variable c testen. Test t_2 prüft außerdem b auf $s-0$ und a auf $s-1$. Von den übrigen Testmustern kann t_1 oder t_5 ausgewählt werden, da beide die noch verbleibenden Tests, a auf $s-0$ und b auf $s-1$, abdecken.

Als eine mögliche Mindesttestmenge ergibt sich damit:

$$M = \{t_1, t_2, t_6\}$$

Lösungsvorschlag zur Aufgabe 4.4

Zur Abkürzung des Verfahrens wird ausgenutzt, daß Schaltungsknoten auf einem kritischen Pfad durch das Testmuster für den Anfangsknoten dieses Pfades mitgetestet werden. Es ist daher zweckmäßig, mit den Testmustern für die primären Eingänge zu beginnen, um über möglichst lange kritische Pfade möglichst viele interne Knoten mitzutesten.

Zunächst wird eine Liste der möglichen Fehlerorte erstellt. Sie dient als Kopfzeile in der Ablauftabelle 8.12 für den D–Algorithmus.

Zeile	c_i	b	a	d	e	f	g	h	i	j	k	l	m	n	c_O	y
1			D	D	D											
2			D	D	D		1							D		
3		1	D	D	D	1	1	$\overline{D}$	$\overline{D}$	$\overline{D}$				D		
4		1	D	D	D	1	1	$\overline{D}$	$\overline{D}$	$\overline{D}$			0	D	D	
5		1	D	D	D	1	1	$\overline{D}$	$\overline{D}$	$\overline{D}$	0		0	D	D	
6	0	1	D	D	D	1	1	$\overline{D}$	$\overline{D}$	$\overline{D}$	0	0	0	D	D	$\overline{D}$
7		D				D	D									
8		D		1		D	D	$\overline{D}$	$\overline{D}$	$\overline{D}$						
9		D	1	1	1	D	D	$\overline{D}$	$\overline{D}$	$\overline{D}$				D		
10		D	1	1	1	D	D	$\overline{D}$	$\overline{D}$	$\overline{D}$	1		D	D	D	
11	1	D	1	1	1	D	D	$\overline{D}$	$\overline{D}$	$\overline{D}$	1	1	D	D	D	D
12	D										D	D				
13	D								1		D	D				$\overline{D}$
14	D							1	1	1	D	D	D			$\overline{D}$
15	D							1	1	1	D	D	D	0	D	$\overline{D}$
16	D				0		0	1	1	1	D	D	D	0	D	$\overline{D}$
17	D	0	0	0	0	0	0	1	1	1	D	D	D	0	D	$\overline{D}$
18	D	1	0	0	0	1	1	1	1	1	D	D	D	0	D	$\overline{D}$

Tabelle 8.12: Ablauftabelle des D–Algorithmus

Daran anschließend wird das erste Testmuster, hier das Muster für den Eingangsknoten a bestimmt. Dazu wird a mit der Fehlervariablen D belegt und es werden alle Knoten markiert, die dadurch ebenfalls festgelegt sind (Tabelle, Zeile 1). Die Gatter G_1 und G_2 erhalten damit eine aktive Belegung und werden in die D–Front aufgenommen. Aus der D–Front wird G_2 ausgewählt und es wird die fehlerleitende Belegung eingetragen

(Zeile 2). Für die fehlerleitende Belegung der elementaren Gatter sei auf Tabelle 4.10 verwiesen. Im nächsten Schritt werden die Rückwärtsimplikationen und die resultierende Vorwärtsimplikation an G_1 eingetragen (Zeile 3). Durch die fehlerleitende Belegung an G_1 sind auch die Knoten h, i und j festgelegt. Damit sind die Gatter G_3, G_4 und G_5 aktiv belegt und werden in die D–Front eingetragen.

Aus der D–Front wird wieder ein Gatter ausgewählt, in dieser Lösung beispielsweise G_5. Der Fehler soll mit einer '0' an m zum Ausgang C_0 weitergeleitet werden (Zeile 4). Die sich anschließende Rückwärtsimplikation zu den Eingängen hin wird an G_4 abgebrochen, da die geforderte '0' am Ausgang durch verschiedene Belegungen des noch unbestimmten Knotens k eingestellt werden kann. Nachdem ein kritischer Pfad bestimmt ist und die Liste der unbestimmten Eingangsbelegungen noch die Gatter G_3 und G_4 enthält, muß die Konsistenzprüfung durchgeführt werden. Dazu wird das am weitesten von den Eingängen entfernte Gatter der Liste, hier G_4, mit einer der noch möglichen Kombinationen belegt. In diesem Beispiel wird k zu '0' gesetzt (Zeile 5). Durch Implikationsoperationen ergibt sich Zeile 6 der Tabelle.

Damit sind alle unbestimmten Eingangsbelegungen eliminiert und die Testmuster für Haftfehler an a bestimmt:

$$\begin{array}{ccc} c_i & b & a \\ 0 & 1 & 0 \end{array} = t_2 \quad \text{für } s-1 \text{ an } a$$

$$0\ 1\ 1 = t_3 \quad \text{für } s-0 \text{ an } a.$$

Diese Eingangskombinationen testen gleichzeitig die Knoten entlang der beiden kritischen Pfade, nämlich e, n, c_O und d, h, i, y.

Als nächstes sollen die Testmuster für den Eingangsknoten b ermittelt werden. Aus der Belegung von b mit der Fehlervariablen D resultiert Zeile 7 der Tabelle. Die Gatter G_1 und G_2 werden in die D–Front eingetragen. Der Fehler soll über G_1 weitergeleitet werden. Dazu wird an d eine '1' angelegt (Zeile 8).

Die anschließenden Implikationsoperationen führen zu Zeile 9 der Tabelle. Zur Fehlerleitung wird G_4 ausgewählt (Zeile 10). Mit der nächsten Implikationsoperation (Zeile 11) sind alle Gattereingänge gesetzt und die Testmuster für den Knoten b ergeben sich zu:

$$\begin{array}{ccc} c_i & b & a \\ 1 & 0 & 1 \end{array} = t_5 \quad \text{für } s-1 \text{ an } b$$

$$1\ 1\ 1 = t_7 \quad \text{für } s-0 \text{ an } b.$$

Diese Testmuster prüfen zusätzlich die Knoten f, g, j und m.

Zur Bestimmung der Testmuster für den Eingang c_i wird der Knoten mit der Fehlervariablen besetzt (Zeile 12). Die Gatter G_3 und G_4 werden in die D-Front aufgenommen. Der Fehler soll über G_3 durch eine '1' am Knoten i weitergeleitet werden (Zeile 13). Die Rückwärtsimplikationen werden bereits bei G_1 abgebrochen, da eine '1' an h durch mehrere Kombinationen an d und f erzeugt werden kann. Zeile 14 zeigt das Resultat der Implikationsoperationen.

Nachdem der kritische Pfad bestimmt ist, müssen die unbestimmten Eingangsbelegungen an den Gattern G_1, G_2 und G_5 durch Konsistenzprüfung beseitigt werden. Die Konsistenzprüfung startet an G_5, dem am weitesten von den Eingängen entfernten Gatter, mit unbestimmter Belegung. Setzt man den noch nicht belegten Knoten n auf '0', wird ein weiterer kritischer Pfad vom Fehlerort c_i zum Ausgang c_O gelegt (Zeile 15). Die '0' an n kann wiederum durch verschiedene Belegungen von e und g erzeugt werden. Es wird zunächst die Kombination $e = g = 0$ untersucht (Zeile 16). Die Implikationsoperationen liefern $d = f = 0$, woraus $h = 0$ resultiert (Zeile 17). Dies ist ein Widerspruch, da h bereits zu '1' bestimmt wurde. Durch *Backtracking* wird nun versucht diesen Widerspruch zu beseitigen. Dazu geht man zur letzten Wahlmöglichkeit zurück, hier die Belegung von G_2 in Zeile 16, und trifft eine andere Auswahl. Setzt man z.B. $e = 0$ und $g = 1$, sind alle Gatter widerspruchsfrei bestimmt (Zeile 18).

Die Testmuster für den Knoten c_i sind damit:

c_i	b	a		
0	1	0	$= t_2$	für $s-1$ an c_i
1	1	0	$= t_6$	für $s-0$ an c_i.

Diese Testmuster prüfen gleichzeitig die noch verbliebenen Schaltungsknoten l und k. Damit kann folgende Testmenge angegeben werden:

$$T = \{t_2, t_3, t_5, t_6, t_7\}$$

Lösungsvorschlag zur Aufgabe 4.5

Innerhalb der *Backtrace*–Prozeduren zur Initialisierung der Eingangsbelegung werden bezüglich der Grundgatter UND, ODER, NAND und NOR folgende Heuristiken angewandt, um die Pfade von einem betrachteten Knoten zu den Eingängen auszuwählen.

(1) kann der Wert an einem Gatterausgang durch geeignete Belegung eines einzigen Gattereingangs eingestellt werden (*steuernde* Belegung), so wird dazu der Gattereingang ausgewählt, der am leichtesten zu setzen ist;

(2) Kann der Wert an einem Gatterausgang nur durch geeignete Belegung aller Gattereingänge eingestellt werden (*nicht steuernde* Belegung), müssen alle Eingänge berücksichtigt werden. Die *Backtrace*–Prozedur wird an dem Eingang fortgesetzt, der am schwersten einzustellen ist.

Da für das XOR–Gatter keine steuernde Belegung eines Eingangs existiert, gilt für die Pfadauswahl Regel (2).
Der Ablauf des PODEM–Algorithmus kann in einer ähnlichen Tabelle wie beim D–Algorithmus notiert werden. Aus der Schaltung nach der Aufgabenstellung wird zunächst die Liste der möglichen Fehlerorte erstellt. Sie dient als Kopfzeile der Ablauftabelle 8.13 des PODEM–Algorithmus.

Zeile	a	b	c	d	e	f	g	h	i	y
1								$\overline{D}$		
2	1	1			0			$\overline{D}$		
3	1	1			0		1	$\overline{D}$		
4	1	1	0	0	0	0	1	$\overline{D}$	0	$\overline{D}$
5								D		
6	0	1			1			D		
7	0	1		1	1	1		D		
8	0	1		1	1	1	1	D	1	1
9	0	1		0	1	1	0	D	0	D
10	0	1	1	0	1	1	0	D	0	D

Tabelle 8.13: Ablauftabelle des PODEM–Algorithmus

Danach werden die Testmuster für die einzelnen Haftfehler bestimmt.

Haftfehler s-1 an h

Zunächst wird der Knoten an h mit D initialisiert (Zeile 1 der Tabelle). Durch eine *Backtrace*-Prozedur wird eine Belegung der primären Eingänge bestimmt, die $\overline{D}$ an h erzeugt. Dazu muß mindestens ein Eingang von G_4 mit '0' belegt werden. Da die Knoten e und f gleich gut einzustellen sind, wird willkürlich der Pfad über G_1 zur Fortsetzung des *backtrace* ausgewählt. Die '0' an e soll durch $a = 1, b = 1$ eingestellt werden. Zeile 2 zeigt das Resultat des *backtrace*.

Aus der bis dahin ermittelten Belegung der primären Eingänge resultiert die Vorwärtsimplikation $g = 1$ (Zeile 3). Zur Fehlerleitung über G_6 wird $i = 0$ gesetzt. Hierzu ist $f = 0$ durch $c = 0$, $d = 0$ einzustellen (Zeile 4).

Damit ergibt sich das Testmuster für den Haftfehler $s - 1$ am Knoten h zu:

$$\begin{matrix} a & b & c & d \\ 1 & 1 & 0 & 0 \end{matrix} = t_{12}$$

Haftfehler s-0 an h

Für einen Test des Fehlers h ständig 0 muß h mit der Fehlervariablen D belegt werden (Zeile 5). Dazu werden e und f auf den nicht steuernden Wert '1' gesetzt. Da beide Knoten gleich gut einzustellen sind, wird zunächst G_1 ausgewählt um die *Backtrace*-Operation fortzusetzen. Der Wert $e = 1$ soll durch $a = 0, b = 1$ erzeugt werden (Zeile 6). Danach wird $f = 1$ durch $d = 1$ eingestellt (Zeile 7). Durch die Vorwärtsimplikation ergibt sich $g = 1$, $i = 1$ und $y = 1$ (Zeile 8). Auf diesem Weg kann die Fehlervariable nicht zum Ausgang weitergeleitet werden. In einem *Backtrack*-Verfahren werden nun die Belegungen der bereits gesetzten Eingangsvariablen verändert. Das Verfahren startet bei der zuletzt gesetzten Eingangsvariablen. In diesem Beispiel wird der Wert von d zu '0' geändert und es werden die resultierenden Implikationen ermittelt (Zeile 9). An dieser Stelle kann die *Backtrack*-Operation bereits abgebrochen werden, da wieder die Möglichkeit besteht, einen kritischen Pfad zu sensibilisieren. Für die geforderte Belegung $f = 1$ wird durch erneute *Backtrace*-Operation die Belegung $c = 1$ ermittelt. Damit ist das Testmuster für den Fehler $s - 0$ an h bestimmt:

$$\begin{matrix} a & b & c & d \\ 0 & 1 & 1 & 0 \end{matrix} = t_6$$

Lösungsvorschlag zur Aufgabe 5.1

Die Wahrscheinlichkeit für das Auftreten einer '1' am Ausgang eines ODER–Gatters mit n Eingängen kann allgemein angesetzt werden mit:

$$p(y=1) = p(x_1 + x_2 + \cdots + x_i + \cdots + \cdots x_n = 1), \quad n \in N.$$

Zunächst wird die ODER–Verknüpfung im rechten Teil der Gleichung mit Hilfe der DE MORGANschen Gesetze so umgeformt, daß nur UND Verknüpfungen der Eingangsvariablen vorliegen.

$$\begin{aligned} p(y=1) &= p(\overline{\overline{x_1 + x_2 + \ldots + x_i + \ldots + x_n}} = 1) \\ &= p(\overline{\overline{x_1} \cdot \overline{x_2} \cdot \ldots \cdot \overline{x_i} \cdot \ldots \cdot \overline{x_n}} = 1) \\ &= p(\overline{x_1} \cdot \overline{x_2} \cdot \ldots \cdot \overline{x_i} \cdot \ldots \cdot \overline{x_n} = 0) \end{aligned}$$

Die Anwendung der Regel

$$p(k=1) + p(k=0) = 1$$

liefert die Gleichung

$$p(y=1) = 1 - p(\overline{x_1} \cdot \overline{x_2} \cdot \ldots \cdot \overline{x_i} \cdot \ldots \cdot \overline{x_n} = 1).$$

Der Term $p(\overline{x_1} \cdot \overline{x_2} \cdot \ldots \cdot \overline{x_i} \cdot \ldots \cdot \overline{x_n} = 1)$ kann durch die allgemeine Gleichung für die Wahrscheinlichkeit einer '1' am Ausgang des UND–Gatters ersetzt werden und man erhält:

$$\begin{aligned} p(y=1) &= 1 - \prod_{i=1}^{n} p_i(\overline{x_i} = 1) \\ &= 1 - \prod_{i=1}^{n} p_i(x_i = 0) \end{aligned}$$

Damit ergibt sich für die Wahrscheinlichkeit einer '0' am Ausgang des allgemeinen ODER–Gatters:

$$\begin{aligned} p(y=0) &= 1 - p(y=1) = 1 - (1 - \prod_{i=1}^{n} p_i(x_i = 0)) \\ &= \prod_{i=1}^{n} p_i(x_i = 0). \end{aligned}$$

Lösungsvorschlag zur Aufgabe 5.2

Zunächst werden die Wahrscheinlichkeiten der primären Eingänge mit dem Wert 0,5 initialisiert. Damit wird angenommen, daß die Werte '0' und '1' an jedem Eingangsknoten mit der gleichen Häufigkeit auftreten (Tabelle 8.14).

	a	b	c	d	e	f	g	y
p_0	0,5	0,5	0,5	0,5	0,5			
p_1	0,5	0,5	0,5	0,5	0,5			

Tabelle 8.14: Initialisierung der Signalwahrscheinlichkeiten

Anschließend werden schrittweise die Signalwahrscheinlichkeiten für die Teilfunktionen jeder Schaltungsstufe berechnet.

Teilfunktion $f = \overline{a \cdot b}$

Für die NAND-Verknüpfung gilt:

$$p(y = 0) = \prod_{i=1}^{n} p_i(x_i = 1)$$

Damit ergeben sich die Signalwahrscheinlichkeiten an e zu:

$$\begin{aligned} p(f = 0) &= p(a = 1) \cdot p(b = 1) \\ &= 0,5 \cdot 0,5 = 0,25 \\ p(f = 1) &= 1 - p(f = 0) \\ &= 1 - 0,25 = 0,75 \end{aligned}$$

Teilfunktion $\mathrm{g} = \mathrm{d} + \mathrm{e}$

Für die ODER-Verknüpfung gilt allgemein (s. Aufgabe 5.1):

$$p(y = 0) = \prod_{i=1}^{n} p_i(x_i = 0).$$

Die Signalwahrscheinlichkeiten am Knoten g bestimmen sich dann zu:

$$\begin{aligned} p(g=0) &= p(d=0)\cdot p(e=0) \\ &= 0,5\cdot 0,5 = 0,25 \\ p(g=1) &= 1-p(g=0) \\ &= 1-0,25 = 0,75 \end{aligned}$$

Teilfunktion $y = \overline{c+f+g}$

Die Wahrscheinlichkeit einer '1' am Ausgang eines NOR–Gatters ist definiert zu:

$$p(y=1) = \prod_{i=1}^{n} p_i(x_i = 0).$$

Damit gilt für den Ausgangsknoten y:

$$\begin{aligned} p(y=1) &= p(f=0)\cdot p(c=0)\cdot p(g=0) \\ &= 0,25\cdot 0,5\cdot 0,25 = 0,03125 \\ p(y=0) &= 1-p(y=1) \\ &= 1-0,03125 = 0,96875 \end{aligned}$$

In Tabelle 8.15 sind die Signalwahrscheinlichkeiten aller Schaltungsknoten zusammengefaßt.

	a	b	c	d	e	f	g	y
p_0	0,5	0,5	0,5	0,5	0,5	0,25	0,25	0,96875
p_1	0,5	0,5	0,5	0,5	0,5	0,75	0,75	0,03125

Tabelle 8.15: Resultierende Signalwahrscheinlichkeiten

Lösungsvorschlag zur Aufgabe 5.3

Zunächst werden die primären Eingänge der Schaltung mit dem Wert 0,5 initialisiert (Tabelle 8.16).

	a	b	c	d	e	f	y
p_0	0,5	0,5	0,5	0,5			
p_1	0,5	0,5	0,5	0,5			

Tabelle 8.16: Anfangswerte der Signalwahrscheinlichkeiten

Daran anschließend werden die Wahrscheinlichkeiten für die Ausgangsknoten der ersten Gatterstufe berechnet. Für den Knoten e gilt:

$$\begin{aligned} p(e=1) &= p(a=0)\cdot p(b=0) \\ &= 0,5\cdot 0,5 = 0,25 \\ p(e=0) &= 1-p(e=1) \\ &= 1-0,25 = 0,75 \end{aligned}$$

Die Signalwahrscheinlichkeiten für f errechnen sich zu:

$$\begin{aligned} p(f=1) &= p(b=1)\cdot p(c=1) \\ &= 0,5\cdot 0,5 = 0,25 \\ p(f=0) &= 1-p(f=1) \\ &= 1-0,25 = 0,75 \end{aligned}$$

Die Gleichungen für die Signalwahrscheinlichkeiten an den Gatterausgängen gehen davon aus, daß die Ereignisse an den Gattereingängen voneinander unabhängig sind. Rekonvergieren zwei Signalpfade an einem Gatter, besteht eine Kopplung zwischen den betreffenden Eingängen. Es genügt in diesem Falle nicht, die Wahrscheinlichkeitswerte für die Eingangsknoten zahlenmäßig in die Gleichungen einzusetzen, da die reinen Zahlenwerte keine Information über die Kopplung enthalten. Die Signalwahrscheinlichkeiten der Knoten entlang der rekonvergierenden Pfade müssen in allgemeiner Form in die Gleichung eingesetzt werden und zwar vom Knoten der Rekonvergenz bis zurück zum Verzweigungsknoten. Die Kopplung zwischen den Pfaden wird dann wie folgt berücksichtigt:

- Es verschwinden die Terme der Gleichung, die Ausdrücke der Form

$$p(k_i = 0) \cdot p(k_i = 1)$$

enthalten, da am Knoten k_i nicht gleichzeitig die Werte '0' und '1' auftreten können.

- Identische Faktoren in Termen werden nur einmal berücksichtigt, da man sie als mehrfache Verknüpfung eines Knotens an gleichen Gattern interpretieren kann.

Berücksichtigt man diese Regeln zur Rekonvergenz, ergibt sich für den Ausgang y die Signalwahrscheinlichkeit zu:

$$\begin{aligned}
p(y=0) &= p(e=0) \cdot p(f=0) \cdot p(d=0) \\
&= (1 - p(a=0)p(b=0)) \cdot (1 - p(b=1)p(c=1)) \cdot p(d=0) \\
&= \big(1 - p(a=0)p(b=0) - p(b=1)p(c=1) \\
&\qquad + p(a=0)p(b=0)p(b=1)p(c=1)\big) \cdot p(d=0) \\
&= (1 - p(a=0)p(b=0) - p(b=1)p(c=1)) \cdot p(d=0) \\
&= (1 - \quad 0,5 \cdot 0,5 \quad - \quad 0,5 \cdot 0,5) \cdot 0,5 \quad = 0,25; \\
p(y=1) &= 1 - p(y=0) \\
&= 1 - 0,25 = 0,75.
\end{aligned}$$

Zur Überprüfung der für y errechneten Wahrscheinlichkeitswerte wird zunächst die Funktionsgleichung aus der Schaltung ermittelt:

$$\begin{aligned}
p &= \overline{a+b} + bc + d \\
&= \bar{a}\bar{b} + bc + d
\end{aligned}$$

Danach wird die Wahrheitstabelle 8.17 für diese Funktion aufgestellt.

Aus der Wahrheitstabelle ergibt sich die Wahrscheinlichkeit für $y = 1$ als Verhältnis der Anzahl der Eingangskombinationen die $y = 1$ liefern zu der Anzahl der möglichen Eingangskombinationen:

$$p(y=1) = \frac{12}{16} = 0,75$$

Damit sind die oben berechneten Wahrscheinlichkeitswerte bestätigt und man erhält Tabelle 8.18 für die Signalwahrscheinlichkeiten.

a	b	c	d	y
0	0	0	0	1
0	0	0	1	1
0	0	1	0	1
0	0	1	1	1
0	1	0	0	0
0	1	0	1	1
0	1	1	0	1
0	1	1	1	1
1	0	0	0	0
1	0	0	1	1
1	0	1	0	0
1	0	1	1	1
1	1	0	0	0
1	1	0	1	1
1	1	1	0	1
1	1	1	1	1

Tabelle 8.17: Wahrheitstabelle der Ausgangsfunktion

	a	b	c	d	e	f	y
p_0	0,5	0,5	0,5	0,5	0,75	0,75	0,25
p_1	0,5	0,5	0,5	0,5	0,25	0,25	0,75

Tabelle 8.18: Tabelle der Signalwahrscheinlichkeiten

Lösungsvorschlag zur Aufgabe 5.4

Zunächst sollen die Steuerbarkeitswerte für das Antivalenzgatter nach Bild 8.12 hergeleitet werden.

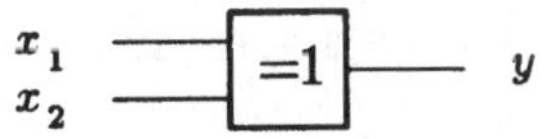

Bild 8.12: Antivalenzgatter

Eine '0' am Ausgang y kann durch eine Belegung $x_1 = 0$, $x_2 = 0$ oder $x_1 = 1$, $x_2 = 1$ erzeugt werden. Die Null–Steuerbarkeit wird demnach entweder von der Summe der Eins–Steuerbarkeiten oder der Summe der Null–Steuerbarkeiten der Eingänge bestimmt. Da für die kombinatorische Steuerbarkeit der minimale Aufwand entscheidend ist, ergibt sich die Null–Steuerbarkeit aus der kleineren Summe plus einer '1' für die Tiefe eines einfachen Gatters,

$$CC^0(y) = \min\{CC^0(x_1) + CC^0(x_2), CC^1(x_1) + CC^1(x_2)\} + 1.$$

Analog gilt für die Eins–Steuerbarkeit:

$$CC^1(y) = \min\{CC^0(x_1) + CC^1(x_2), CC^1(x_1) + CC^0(x_2)\} + 1.$$

Zur Berechnung sämtlicher Steuerbarkeitswerte der gegebenen Schaltung werden in einem ersten Schritt die primären Ein- und Ausgänge initialisiert. Daraus resultiert die vorläufige Belegung der Wertetabelle 8.19 für die kombinatorische Steuerbarkeit.

	a	b	c	d	e	f	g	h	i	j	k
CC^0	1	1	1	1	1					∞	∞
CC^1	1	1	1	1	1					∞	∞

Tabelle 8.19: Anfangswerte der Steuerbarkeit primärer Anschlüsse

Nun werden die Steuerbarkeitswerte der übrigen Schaltungsknoten schrittweise von den Eingängen zu den Ausgängen hin berechnet. Mit den oben angegebenen Gleichungen für die Steuerbarkeitswerte des Antivalenzgatters gilt für den Knoten f:

$$\begin{aligned} CC^0(f) &= \min\{CC^0(c) + CC^0(d), CC^1(c) + CC^1(d)\} + 1 \\ &= \min\{1 + 1 = 2, 1 + 1 = 2\} + 1 = 3; \\ CC^1(f) &= \min\{CC^0(c) + CC^1(d), CC^1(c) + CC^0(d)\} + 1 \\ &= \min\{1 + 1 = 2, 1 + 1 = 2\} + 1 = 3. \end{aligned}$$

Die Steuerbarkeitswerte an g ergeben sich zu:

$$\begin{aligned} CC^0(g) &= CC^1(e) = 1 \text{ und} \\ CC^1(g) &= CC^0(e) = 1 \end{aligned}$$

Mit den Gleichungen für das NOR–Gatter werden die Werte für den Knoten h berechnet:

$$\begin{aligned} CC^0(h) &= \min\{CC^1(b), CC^1(f)\} + 1 \\ &= \min\{1, 3\} + 1 = 2; \\ CC^1(h) &= CC^0(b) + CC^0(f) + 1 \\ &= 1 + 3 + 1 = 5 \end{aligned}$$

Für den Knoten i gilt entsprechend den Gleichungen des ODER–Gatters:

$$\begin{aligned} CC^0(i) &= CC^0(a) + CC^0(b) + 1 \\ &= 1 + 1 + 1 = 3; \\ CC^1(i) &= \min\{CC^1(a), CC^1(b)\} + 1 \\ &= \min\{1, 1\} + 1 = 2. \end{aligned}$$

Die Steuerbarkeitswerte für den Ausgangsknoten j berechnen sich wie folgt:

$$\begin{aligned} CC^0(j) &= \min\{CC^0(a), CC^0(h)\} + 1 \\ &= \min\{1, 2\} + 1 = 2; \\ CC^1(j) &= CC^1(a) + CC^1(h) + 1 \\ &= 1 + 5 + 1 = 7 \end{aligned}$$

Schließlich ergeben sich die Steuerbarkeitswerte für den primären Ausgang k zu:

$$\begin{aligned} CC^0(k) &= CC^1(g) + CC^1(i) + CC^1(f) + 1 \\ &= 1 + 2 + 3 + 1 = 7; \\ CC^1(k) &= \min\{CC^0(g), CC^0(i), CC^0(f)\} + 1 \\ &= \min\{1, 3, 3\} + 1 = 2. \end{aligned}$$

Damit erhält man die resultierende Belegung in der Wertetabelle 8.20.

	a	b	c	d	e	f	g	h	i	j	k
CC^0	1	1	1	1	1	3	1	2	3	2	7
CC^1	1	1	1	1	1	3	1	5	2	7	2

Tabelle 8.20: Resultierende Steuerbarkeitswerte

Die Tabelle kann dahingehend interpretiert werden, daß wegen der relativ hohen Werte der Null–Steuerbarkeit am Knoten k bzw. der Eins–Steuerbarkeit an den Knoten h und j auch ein relativ hoher Aufwand bei der Bestimmung von Testmustern für Haftfehler $s-1$ an k bzw. $s-0$ an den Knoten h und j zu erwarten ist.

Lösungsvorschlag zur Aufgabe 5.5

Die Beobachtbarkeitswerte werden von den primären Ausgängen zu den primären Eingän-gen hin berechnet. Dabei ergibt sich die Beobachtbarkeit eines Gattereingangs als Summe der Beobachtbarkeitswerte des Gatterausgangs, der Steuerbarkeitswerte der nicht steuernden Belegungen der anderen Eingänge und einer '1' für die Schaltungstiefe eines einfachen Gatters. Der für einen Gattereingang ermittelte Wert wird im nächsten Schritt als Beobachtbarkeitswert für den Ausgang des vorgeschalteten Gatters angesetzt. Verzweigt sich jedoch dieser Gatterausgang auf mehrere Gattereingänge, wird der kleinste der Beobachtbarkeitswerte der Gattereingänge für den Ausgang übernommen.

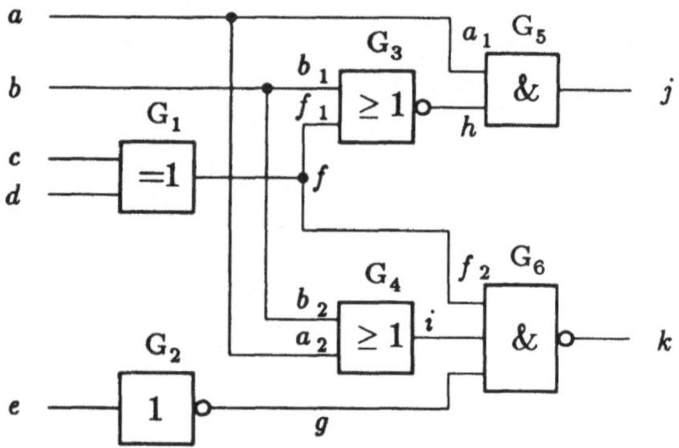

Bild 8.13: Bezeichnung der Schaltungsknoten

In der gegebenen Schaltung werden zunächst alle Schaltungsknoten eindeutig bezeichnet (Bild 8.13). Danach werden die primären Ein- und Ausgänge initialisiert. Daraus resultiert die Tabelle 8.21, die zusätzlich die Steuerbarkeitswerte enthält.

	a	a_1	a_2	b	b_1	b_2	c	d	e	f	f_1	f_2	g	h	i	j	k
CC^0	1	1	1	1	1	1	1	1	1	3	3	3	1	2	3	2	7
CC^1	1	1	1	1	1	1	1	1	1	3	3	3	1	5	2	7	2
CO	∞	∞	∞	∞	∞	∞	∞	∞	∞							0	0

Tabelle 8.21: Anfangswerte zur Berechnung der Beobachtbarkeit

Anschließend werden die Beobachtbarkeitswerte der einzelnen Schaltungsknoten bestimmt. Für die Eingänge von Gatter G_5 ergeben sich folgende Werte:

$$\begin{aligned} \mathrm{CO}(a_1) &= \mathrm{CO}(j) + \mathrm{CC}^1(h) + 1 \\ &= 0 + 5 + 1 = 6; \\ \mathrm{CO}(h) &= \mathrm{CO}(j) + \mathrm{CC}^1(a_1) + 1 \\ &= 0 + 1 + 1 = 2. \end{aligned}$$

An Gatter G_6 erhält man die Beobachtbarkeitswerte:

$$\begin{aligned} \mathrm{CO}(f_2) &= \mathrm{CO}(k) + \mathrm{CC}^1(i) + \mathrm{CC}^1(g) + 1 \\ &= 0 + 2 + 1 + 1 = 4; \\ \mathrm{CO}(i) &= \mathrm{CO}(k) + \mathrm{CC}^1(f_2) + \mathrm{CC}^1(g) + 1 \\ &= 0 + 3 + 1 + 1 = 5; \\ \mathrm{CO}(g) &= \mathrm{CO}(k) + \mathrm{CC}^1(f_2) + \mathrm{CC}^1(i) + 1 \\ &= 0 + 3 + 2 + 1 = 6. \end{aligned}$$

Die Beobachtbarkeit der Eingänge von G_3 berechnet sich zu:

$$\begin{aligned} \mathrm{CO}(b_1) &= \mathrm{CO}(h) + \mathrm{CC}^0(f_1) + 1 \\ &= 2 + 3 + 1 = 6; \\ \mathrm{CO}(f_1) &= \mathrm{CO}(h) + \mathrm{CC}^0(b_1) + 1 \\ &= 2 + 1 + 1 = 4. \end{aligned}$$

Für Gatter G_4 gilt:

$$\begin{aligned} \mathrm{CO}(b_2) &= \mathrm{CO}(i) + \mathrm{CC}^0(a_2) + 1 \\ &= 5 + 1 + 1 = 7; \\ \mathrm{CO}(a_2) &= \mathrm{CO}(i) + \mathrm{CC}^0(b_2) + 1 \\ &= 5 + 1 + 1 = 7. \end{aligned}$$

Beim Antivalenzgatter mit 2 Eingängen kann ein Eingang, unabhängig von der Belegung des anderen Eingangs, immer am Gatterausgang beobachtet werden. Für diesen anderen Eingang muß daher der kleinere Wert von Null- und Eins-Steuerbarkeit angesetzt werden, um den minimalen Wert für die Beobachtbarkeit zu erhalten.

Damit ergeben sich die folgenden Werte für die primären Eingänge c und d:

$$\begin{aligned} CO(c) &= CO(f) + \min\{CC^0(d), CC^1(d)\} + 1 \\ &= \min\{CO(f_1), CO(f_2)\} + \min\{CC^0(d), CC^1(d)\} + 1 \\ &= \min\{4,4\} + \min\{1,1\} + 1 = 6; \\ CO(d) &= \min\{CO(f_1), CO(f_2)\} + \min\{CC^0(c), CC^1(c)\} + 1 \\ &= \min\{4,4\} + \min\{1,1\} + 1 = 6. \end{aligned}$$

Für den Eingangsknoten e gilt:

$$CO(e) = CO(g) = 6.$$

Schließlich ergeben sich die Beobachtbarkeitswerte der Schaltungseingänge a und b zu:

$$\begin{aligned} CO(a) &= \min\{CO(a_1), CO(a_2)\} \\ &= \min\{6,7\} \quad = 6; \\ CO(b) &= \min\{CO(b_1), CO(b_2)\} \\ &= \min\{6,7\} \quad = 6; \end{aligned}$$

Damit erhält man die resultierende Belegung der Wertetabelle 8.22 für die kombinatorische Testbarkeit.

	a	a_1	a_2	b	b_1	b_2	c	d	e	f	f_1	f_2	g	h	i	j	k
CC^0	1	1	1	1	1	1	1	1	1	3	3	3	1	2	3	2	7
CC^1	1	1	1	1	1	1	1	1	1	3	3	3	1	5	2	7	2
CO	6	6	7	6	6	7	6	6	6	4	4	4	6	2	5	0	0

Tabelle 8.22: Resultierende Testbarkeitswerte

Lösungsvorschlag zur Aufgabe 6.1

Der erste mögliche Zyklus ist der Nullzyklus, der bei jedem PZG auftritt. Zur Bestimmung der übrigen Zyklen wählt man einen Startwert aus, der in den bereits ermittelten Zyklen noch nicht aufgetreten ist. Der Folgewert innerhalb eines Zyklus ergibt sich durch die Beziehungen:

$$q_3^{t+1} = q_2^t;$$
$$q_2^{t+1} = q_1^t;$$
$$q_1^{t+1} = q_0^t;$$
$$q_0^{t+1} = q_0^t \not\equiv (q_1^t \not\equiv q_3^t).$$

Es werden so lange Folgewerte gebildet, bis sich der Startwert für diesen Zyklus wiederholt. Tabelle 8.23 zeigt die möglichen Zyklen für den gegebenen Pseudozufallsgenerator.

Zyklus 0				Zyklus 1				Zyklus 2				Zyklus 3			
q_0	q_1	q_2	q_3	q_0	q_1	q_2	q_3	q_0	q_1	q_2	q_3	q_0	q_1	q_2	q_3
0	0	0	0	0	0	0	1	0	0	1	1	1	1	1	1
0	0	0	0	1	0	0	0	1	0	0	1	1	1	1	1
				1	1	0	0	0	1	0	0				
				0	1	1	0	1	0	1	0				
				1	0	1	1	1	1	0	1				
				0	1	0	1	1	1	1	0				
				0	0	1	0	0	1	1	1				
				0	0	0	1	0	0	1	1				

Tabelle 8.23: Zyklen des gegebenen Pseudozufallszahlengenerators

Lösungsvorschlag zur Aufgabe 6.2

Die Anzahl der Schritte zur Bildung der Signatur entspricht der Länge der zu verarbeitenden Datenfolge.

Der Registerinhalt zum Testzeitpunkt $t+1$ wird aus dem Registerinhalt zum vorhergehenden Zeitpunkt t nach der folgenden Beziehungen bestimmt:

$$q_5^{t+1} = q_4^t, \quad q_4^{t+1} = q_3^t, \quad q_3^{t+1} = q_2t$$
$$q_2^{t+1} = q_1^t, \quad q_1^{t+1} = q_0^t$$
$$q_0^{t+1} = S_{in}^t \not\equiv (q_0^{t_1} \not\equiv (q_2^t \not\equiv q_5^t)).$$

Die Tabellen 8.24 und 8.25 zeigen den Ablauf der Signaturbildung bei unterschiedlicher Initialisierung des Registers.

Schritt	S_{in}	q_0	q_1	q_2	q_3	q_4	q_5
1	0	0	0	0	0	0	0
2	1	0	0	0	0	0	0
3	0	1	0	0	0	0	0
4	0	1	1	0	0	0	0
5	1	1	1	1	0	0	0
6	0	1	1	1	1	0	0
7	1	0	1	1	1	1	0
8	0	0	0	1	1	1	1
9	0	0	0	0	1	1	1
10	0	1	0	0	0	1	1
11	0	0	1	0	0	0	1
12	1	1	0	1	0	0	0
13	1	1	1	0	1	0	0
14	0	0	1	1	0	1	0
15	1	1	0	1	1	0	1
16	0	0	1	0	1	1	0
Signatur		0	0	1	0	1	1

Tabelle 8.24: Signaturbildung bei Initialisierung mit '000000'

Schritt	S_{in}	q_0	q_1	q_2	q_3	q_4	q_5
1	0	1	1	1	1	1	1
2	1	1	1	1	1	1	1
3	0	0	1	1	1	1	1
4	0	0	0	1	1	1	1
5	1	0	0	0	1	1	1
6	0	0	0	0	0	1	1
7	1	1	0	0	0	0	1
8	0	1	1	0	0	0	0
9	0	1	1	1	0	0	0
10	0	0	1	1	1	0	0
11	0	1	0	1	1	1	0
12	1	0	1	0	1	1	1
13	1	0	0	1	0	1	1
14	0	1	0	0	1	0	1
15	1	0	1	0	0	1	0
16	0	1	0	1	0	0	1
Signatur		1	1	0	1	0	0

Tabelle 8.25: Signaturbildung bei Initialisierung mit '111111'

Lösungsvorschlag zur Aufgabe 6.3

Der Inhalt des Signaturregisters nach dem nächsten Takt bestimmt sich aus aktuellem Zählerstand und Registerinhalt nach folgenden Gleichungen:

$$q_5^{t+1} = q_n^t, \qquad q_4^{t+1} = q_3^t,$$
$$q_3^{t+1} = q_2^t \not\equiv c_3^t,$$
$$q_2^{t+1} = q_1^t \not\equiv c_2^t,$$
$$q_1^{t+1} = q_0^t \not\equiv c_1^t,$$
$$q_0^{t+1} = ((q_5^t \not\equiv q_2^t) \not\equiv q_0^t) \not\equiv c_0^t.$$

Schritt	C_0	C_1	C_2	C_3	q_0	q_1	q_2	q_3	q_4	q_5
1	0	0	0	0	0	0	0	0	0	0
2	1	0	0	0	0	0	0	0	0	0
3	0	1	0	0	1	0	0	0	0	0
4	1	1	0	0	1	0	0	0	0	0
5	0	0	1	0	0	0	0	0	0	0
6	1	0	1	0	0	0	1	0	0	0
7	0	1	1	0	0	0	1	1	0	0
8	1	1	1	0	1	1	1	1	1	0
9	0	0	0	1	1	0	0	1	1	1
10	1	0	0	1	0	1	0	1	1	1
11	0	1	0	1	0	0	1	1	1	1
12	1	1	0	1	0	1	0	0	1	1
13	0	0	1	1	0	1	1	1	0	1
14	1	0	1	1	0	0	0	0	1	0
15	0	1	1	1	1	0	1	1	0	1
16	1	1	1	1	1	0	1	0	1	0
Signatur					1	0	1	0	0	1

Tabelle 8.26: Ablauf der Signaturbildung

In Tabelle 8.26 ist der Ablauf der Signaturbildung zusammengefaßt. Nach dem letzten Schritt enthält das Register als Signatur des Zählvorgangs den Wert:

$$\begin{matrix} q_0 & q_1 & q_2 & q_3 & q_4 & q_5 \\ 1 & 0 & 1 & 0 & 0 & 1 \end{matrix} \; .$$

Lösungsvorschlag zur Aufgabe 6.4

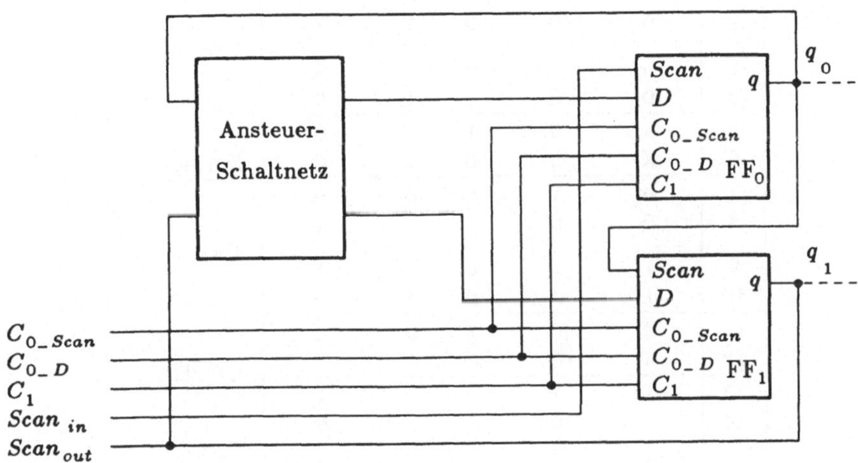

Bild 8.14: Modifizierte Schaltung

Die Zählerschaltung wird gemäß Bild 8.14 modifiziert. Im Normalbetrieb ist der Anschluß des Prüftaktes C_{0_Scan} auf den Wert '0' gesetzt. Mit einer '1' am Takteingang C_{0_D} wird die Information an den D–Eingängen in die Vorspeicher der Flipflops übernommen. Dagegen wird im Prüfbetrieb der Takteingang C_{0_D} auf dem Wert '0' gehalten und die Information von den *Scan*–Eingängen wird durch eine '1' an C_{0_Scan} in die Vorspeicher eingelesen. In beiden Betriebsarten wird durch eine '1' am Takteingang C_1 die Information aus den Vorspeichern in die Hauptspeicher übernommen.

Für eine korrekte Funktion der Flipflops dürfen die Takte C_{0_D} bzw. C_{0_Scan} und C_1 nicht überlappen, d.h. nicht gleichzeitig den Wert '1' haben.

Um einen Testvektor an das Ansteuerschaltnetz anzulegen, wird dieser Vektor im Prüfbetrieb über $Scan_{in}$ in die Speicherelemente hineingeschoben. Die Anzahl der hierzu notwendigen Taktzyklen entspricht der Anzahl der Speicherelemente im Prüfbus. Anschließend wird die Reaktion des Ansteuerschaltnetzes auf den Testvektor in die Flipflops eingelesen, indem genau ein Taktzyklus im Normalbetrieb ausgeführt wird. Danach kann im Prüfmodus der nächste Testvektor geladen werden, wobei gleichzeitig die Reaktion auf den vorhergehenden Vektor seriell am Ausgang $Scan_{out}$ erscheint.

Nr	$Scan_{in}$	C_0Scan	C_{0_D}	C_1	$Scan_{out}$	Betriebsart
1	0	1	0	0	X	
2	0	0	0	1	X	
						Test
3	0	1	0	0	X	
4	0	0	0	1	0	
5	X	0	1	0	0	
6	X	0	0	1	0	Normal
7	0	1	0	0	0	
8	0	0	0	1	1	
						Test
9	1	1	0	0	1	
10	1	0	0	1	0	
11	X	0	1	0	0	
12	X	0	0	1	1	Normal
13	1	1	0	0	1	
14	1	0	0	1	0	
						Test
15	0	1	0	0	0	
16	0	0	0	1	1	
17	X	0	1	0	1	
18	X	0	0	1	1	Normal
19	1	1	0	0	1	
20	1	0	0	1	1	
						Test
21	1	1	0	0	1	
22	1	0	0	1	1	
23	X	0	1	0	0	
24	X	0	0	1	0	Normal
25	X	1	0	0	0	
25	X	0	0	1	0	Test

Tabelle 8.27: Testmusterfolge

Tabelle 8.27 zeigt eine Vektorfolge, durch welche die vollständige Testmenge an das Ansteuerschaltnetz der Beispielschaltung angelegt wird. Am Ausgang $Scan_{out}$ ist die Bitfolge für den fehlerfreien Fall dargestellt.

9 Literaturliste

[AgMer82] Agrawal,V.D.; Mercer,M.R.
Testability Measures – What Do They Tell Us?,
IEEE Test Conference, 1982, pp. 42–47

[Akers77] Akers,S.B.
Partitioning for Testability,
Journal of Design Automation & Fault Tolerant Computing, Vol.1,
Februar 1977, pp. 133–164

[Benn82] Bennetts,R.G.
Introduction to Digital Board Testing,
Crane Russak, New York, 1982

[Benn84] Bennetts,R.G.
Design of Testable Logic Circuits,
Addison–Wesley, Reading Mass., 1984

[BenMau81] Bennetts,R.G.; Maunder,C.M.; Robinson,G.D.
CAMELOT: A Computer Aided Measure for Logic Testability,
IEE Proceedings, Vol.128 Nr.5, 1981, pp. 177–189

[Berg79] Berglund, N.C.
Level sensitive scan design tests chips, boards, systems,
Electronice, March 15, 1979, pp. 108–110

[BeHe82] Berg,W.C.; Hess,R.D.
COMET: A Testability Analysis and Design Modification Package,
Proc. IEEE Test Conference, 1982, pp. 364–378

[BinTu82] Binnendyk,H.F.; Turino,J.
Design to Test,
Logical Solutions Inc., Campbell Cal., 1982

[Bow75] Bowden,K.R.
A Technique for Automated Test Generation for Digital Circuits.
IEEE Intercon, 1975, Session 15, pp. 1–5

[BoFra79] Bottdorf,P.S.; France,R.E.; Garges,N.H.; Orosz,E.J.
Test Generation for Large Logic Networks,
Proc. 14th Design Automation Conference, 1977, pp. 479–485

[Brac69] Bracchi,G.
Computer Aided Partitioning for LSI
Record 3rd Asilomar Conf. Circuits and Systems, 1969, pp. 369–373

[Brac71] Bracchi,G.
On the Generation of System Partitioning for Large Scale Integration,
IEEE Trans. on Systems, Man and Cybernetics, SMC–1 Nr.4, 1971, pp. 325–330

[BreFri76] Breuer,M.A.; Friedman,A.D.
Diagnosis & Reliable Design of Digital Systems,
Computer Science Press, Woodland Hills Cal., 1976; oder Pitman, London, 1977

[Breu72] Breuer,M.A.
Design Automation of Digital Systems,
Prentice Hall, Englewood Cliffs N.J., 1972

[Chung79] Chung Ho Chen
VLSI Design for Testability,
Proc. IEEE Test Conference, Cherry Hill N.J., 1979, pp. 306–309

[Daehn83] Daehn, Wilfried
Deterministische Testmustergeneratoren für den Selbsttest von integrierten Schaltungen,
Dissertation, Universität Hannover, 1983

[DaGo82] DasGupta,S.; Goel,P.; Walther,R.G.; Williams,T.W.
A Variation of LSSD and its Implication on Design and Test Patterns Generation in VLSI,
IEEE Test Conference, 1982, pp. 63–66

[DISIM] Jud,W.; Wolff,D.
Programmsystem Unterlagen von DISIM, Forschungsinstitut der Telefunken Electronic, Berlin

[DoHo72] Donath,W.E.; Hoffmann,A.J.
Algorithms for Partitioning of Graphs and Computer Logic Based on Eigenvectors of Connection Matrices,
IBM Technical Disclosure Bulletin, Vol.15 Nr.3, 1972, pp. 938–944

[EiWi78] Eichelberger,E.B.; Williams,T.W.
A Logic Design Structure for LSI Testing,
Journal of Design Automation & Fault Tolerant Computing, Vol.2, Mai 1978, pp. 165–178
(oder: Proc. IEEE 14th Design Automation Conference, Vol.6, 1977, pp. 462–468)

[Fasang82] Fasang,P.P.
A Built-in Self Test Technique for Digital Circuits,
Siemens Forsch.- u. Entwicklungsbericht, Bd. 11 Nr.2, 1982, pp. 65–68, Springer, Heidelberg, 1982

[Frank86] Frank, Ulrich
Die systematische Partitionierung digitaler Schaltungen für Testzwecke
VDI Verlag, Reihe 10: Informatik / Kommunikationstechnik, Düsseldorf, 1986

[FriMe71] Friedman,A.D.; Menon,P.R.
Fault Detection in Digital Circuits,
Prentice Hall, Englewood Cliffs N.J., 1971

[Froh77] Frohwerk,R.A.
Signature Analysis: A New Digital Field Service Method,
Hewlett–Packard Journal, Mai 1977

[Fuj85] Fujiwara,H.
Logic Testing and Design for Testability,
MIT Press Series in Computer Systems, 1985

[FujToi82] Fujiwara,H.; Toida,S.
The Complexity of Fault Detection: An Approach To Design for Testability,
IEEE, 1982, pp. 101–108

[GaJo79] Garey,M.R.; Johnson,D.S.
Computers & Interactability, A Guide to the Theory of NP Completeness,
Freeman, San Fransisco Cal., 1979

[Goel81] Goel, P.
An implicit enumeration algorithm to generate Tests for combinational logic circuits,
IEEE Transactions on Computers,Vol. C-30, March 1981, pp. 215–222

[Gold79] Goldstein,L.H.
Controllability/Observability Analysis of Digital Circuits,
IEEE Trans. on Circuits and Systems, CAS–26, September 1979, pp. 685–693

[GolBod80] Golden, B.; Bodin, L.; Doyle, T.; Stewart, W.
Approximate Travelling Salesman Algorithms,
Operations Research, Vol. 28, 1980

[GolThi80] Goldstein,L.H.; Thipgen,E.
SCOAP: Sandia Controllability/Observability Analysis Program,
Proc. 17th Design Automation Conference, Minneapolis 1980, pp. 190–196

[GorNa77] Gordon,G.; Nadig,H.
Hexadecimal Signatures Identify Troublespots in Microprocessor Systems,
Electronic, März 1977, pp. 89–96

[Görke73] Görke,W.
Fehlerdiagnose Digitaler Schaltungen,
Teubner, Stuttgart, 1973

[GraNa80] Grason,J.; Nagle,A.W.
Digital Test Generation and Design for Testability,
ACM, 1980

[Gut83] Gutfreund,K.
Integrating the Approaches to Structured Design for Testability,
VLSI Design, Oktober 1983, pp. 34–42

[Hess82] Hess,R.D.
Testability Analysis: An Alternative to Structured Design for Testability,
VLSI Design, März/April 1982, pp. 22–29

[Hil81] Hilberg,W.
Partitionierung mit Hilfe der Verbindungsmatrix
ntz-Archiv, Bd.3 Heft 3, 1981, pp. 57–62

[Hil82] Hilberg,W.
Grundprobleme der Mikroelektronik,
Oldenbourg, München, 1982

[HilPet81] Hill,F.J.; Peterson,G.R.
Introduction to Switching Theory and Logical Design,
Wiley & Sons, New York, 1981

[HopUll79] Hopcroft, John E.; Ullman, Jeffrey D.
Introduction to Automata Theory, Languages and Computation,
Addison Welsey, Reading, 1979

[HopUll69] Hopcroft, John E.; Ullman, Jeffrey D.
Formal Languages And Their Relation to Automata,
Addison Welsey, Reading, 1979

[IbaSah75] Ibarra,O.H.; Sahni,S.K.
Polynomially Complete Fault Detection Problems,
IEEE Trans. on Computers, C–24 Nr.3, 1975, pp. 242–249

[Jacob84] Jacob,G.W.
Testfreundliches Entwerfen,
Elektrisches Nachrichtenwesen (ITT), Bd.5 Nr.4, 1984, pp. 428–432

[Jensen71] Jensen,P.A.
Optimum Network Partitioning,
Operations Research, Vol.19, 1971, pp. 916–932

[KeiWe77] Keiner,W.; West,R.
Testability Measures,
Proc. Autotestcon, 1977, pp. 49–55

[KöMu79] Könemann,B.; Mucha,J.; Zwiehoff,G.
Built–in Logic Block Observation Techniques,
Proc. IEEE Test Conference, Cherry Hill N.J., 1979, pp. 37–41

[KöMu80] Könemann,B.; Mucha,J.; Zwiehoff,G.
Buit–in Test for Complex Digital Integrated Circuits,
IEEE Journal of Solid–State Circuits, SC–15 Nr.3, 1980, pp. 315–319

[Kovi79] Kovijanic,P.G.
Testability Analysis,
IEEE Test Conference, 1979, pp. 310–316

[Kovi81] Kovijanic,P.G.
Single Testability Figure of Merit
IEEE Test Conference, 1981, pp. 521–529

[Krup81] Krupstedt,U.
Die Signatur–Analyse – Eine einfache und zuverlässige Methode zur Identifizierung von Datenströmen,
TEKADE–Techn.Mitt., 1981, pp. 70–72

[Kubo68] Kubo,H.
A procedure for generating test sequences to detect sequential circuit failures,
NEC Res. Develop. No. 12, Oct. 1968, p. 69–78

[Lala85] Lala, Parang K.
Fault tolerant and fault testable hardware design,
Prentice Hall, London, 1985

[Mano79] Mano,M.M.
Digital Logic and Computer Design,
Prentice Hall, Englewood Cliffs N.J., 1979

[McClu65] McCluskey, E.J.
Introduction to the Theory of Switching Circuits
McGraw Hill Book Company, 1965

[McDerm84] McDermott,R.M.
Das ITT-Programm zur Prüfbarkeitsanalyse,
Elektrisches Nachrichtenwesen (ITT), Bd.5 Nr.4, 1984, pp. 433–439

[Mucha79] Mucha,J.
Testfreundliche VLSI-Schaltungen – Entwurfs- und Prüfprinzipien,
ntz, Bd.32 Nr.7, 1979, pp. 442–447

[MuSav81] Muehldorf,E.I.; Savkar,A.D.
LSI Logic Testing – An Overview
IEEE Trans. on Computers, C-30, 1981, pp. 1–16

[Muth75] Muth, Peter
Verfahren zur Erstellung von Tests für digitale Schaltungen,
Dissertation, Universität Karlsruhe, 1975

[PanKo83] Pantano,G.; Koch,A.
Manufacturing Test of Boards with Level Sensitiv Scan Design and Built-in Test Capabilities,
Automatic Testing & Test and Measurement Exhibition, 1983, Bd.5, pp. 19–38

[PaMcCl75] Parker,K.P.; McCluskey,E.J.
Probabilistic Treatment of General Combinational Networks,
IEEE Trans. on Computers, Juni 1975

[Peter67] Peterson,W. W.
Prüfbare und korrigierbare Codes,
R. Oldenbourg, München - Wien, 1967

[Pfeu71] Pfeuffer,K.
Prüf- und Diagnosetests für sequentielle Schaltwerke,
AEG–Telefunken–Datenverarbeitung, 1971.

[PoMcCl64] Poage,J.F.; McCluskey,E.J
Derivation of optimum test sequences for sequential machines,
Proc. 5th Ann. Symp. Switch. Circ. Log. Design, 1964, p. 121–132

[PuRo71] Putzolu,G.R., Roth,J.P.
A heuristic algorithm for the testing of asynchronous circuits,
IEEE Trans Comp 20, 1971, p. 639–647

[RatiSang82] Ratiu,I.M.; Sangiovanni–Vincentelli,A.; Pederson,D.O.
VICTOR: A Fast VLSI Testability Analysis Program
IEEE Test Conference, 1982, pp. 397–401

[RotBou67] Roth, P.J.; Bouricius, W.G.; Schneider, P.R.
Programmed Algorithms to Compute Tests to Detect and Distinguish Between Failures in Logic Circuits,
IEEE Transactions on Electronic Computers, Vol. EC-16, no. 5, October 1967, pp. 567–580

[Roth66] Roth,P.J.
Diagnosis of Automata Failures: A Calculus and a Method,
IBM Journal, Juli 1966, pp. 278–291

[SmSeWo73] Schmid,D.; Senger,D.; Wojtkowiak,H.
Technische Informatik, Teil 1,
Oldenbourg, München, 1973

[Späth77] Späth,H.
Cluster–Analyse–Algorithmen,
Oldenbourg, München, 1977

[SteLa77] Steinhausen,D.; Langer,K.
Clusteranalyse,
deGruyter, Berlin, 1977

[Swob73] Swoboda, Joachim
Codierung zur Fehlerkorrektur und Fehlererkennung,
Oldenbourg, München, Wien 1973

[Voigt82] Voigt,S.
Testbarkeitsanalyse Digitaler Schaltungen,
Elektronik, Heft 19, 1982, pp. 71–75

[Will81] Williams,T.W.
Design for Testability,
in Computer Design Aids for VLSI Circuits,
Herausg. Antognetti,P.; Pederson,D.O.; DeMan,H.
Sijthoff&Noordhoff, Alphen an den Rijn NL, 1981

[WilAng73] Williams,M.J.Y.; Angell,J.B.
Enhancing Testability of Large Scale Integrated Circuits via Testpoints and Additional Logic,
IEEE Trans. on Computers, C–22, 1973, pp. 46–60

[WilPark79] Williams,T.W.; Parker,K.P.
Testing Logic Networks and Designing for Testability,
Computer, October 1979, pp. 9–21

[WilPark82] Williams,T.W.; Parker,K.P.
Design for Testability – A Survey,
IEEE Trans. on Computers, C–31, 1982, pp. 2–15

[WaWojt88] Wahl, M.; Wojtkowiak, H.
Hardware-Testmustergeneratoren für integrierte digitale Schaltungen,
CAD-CAM Report, Dressler Verlag, Heidelberg, April 1988

[Wojt82] Wojtkowiak,H.
Testbarkeit Digitaler Schaltungen und Methoden zu ihrer Erhöhung,
Interner Bericht, Universität–GH–Siegen, FB 12–DV, 1982

[Wojt86] Wojtkowiak, H., unter Mitarbeit von Frank, U. und Wahl, M.
Entwurf integrierter Schaltungen,
Vorlesungsskript, Fernuniversität Hagen, 1986

[WojtFr84] Wojtkowiak,H.; Frank,U.; Schmidt,K.-H.; Wahl,M.
Das Gate–Array Verbundprojekt II,
GMD Selbstverlag, Bonn, 1984

[Zwie82] Zwiehoff,G.
Ein Selbsttestkonzept für Hochintegrierte Schaltungen,
Dissertation Fak.f.Elektrot. RWTH Aachen, 1982

10 Stichwortverzeichnis

Leitfäden der angewandten Informatik

Bauknecht/Zehnder: **Grundzüge der Datenverarbeitung**
3. Aufl. 293 Seiten. DM 36,–

Beth / Heß / Wirl: **Kryptographie**
205 Seiten. Kart. DM 26,80

Bunke: **Modellgesteuerte Bildanalyse**
309 Seiten. Geb. DM 48,–

Craemer: **Mathematisches Modellieren dynamischer Vorgänge**
288 Seiten. Kart. DM 38,–

Frevert: **Echtzeit-Praxis mit PEARL**
2. Aufl. 216 Seiten. Kart. DM 34,–

Frühauf/Ludewig/Sandmayr: **Software-Projektmanagement und -Qualitätssicherung.** 136 Seiten. Kart. DM 28,–

Gorny/Viereck: **Interaktive grafische Datenverarbeitung**
256 Seiten. Geb. DM 52,–

Hofmann: **Betriebssysteme: Grundkonzepte und Modellvorstellungen**
253 Seiten. Kart. DM 36,–

Holtkamp: **Angepaßte Rechnerarchitektur**
233 Seiten. DM 38,–

Hultzsch: **Prozeßdatenverarbeitung**
216 Seiten. Kart. DM 28,80

Kästner: **Architektur und Organisation digitaler Rechenanlagen**
224 Seiten. Kart. DM 28,80

Kleine Büning/Schmitgen: **PROLOG**
2. Aufl. 311 Seiten. DM 36,–

Meier: **Methoden der grafischen und geometrischen Datenverarbeitung**
224 Seiten. Kart. DM 36,–

Meyer-Wegener: **Transaktionssysteme**
242 Seiten. DM 38,–

Mresse: **Information Retrieval – Eine Einführung**
280 Seiten. Kart. DM 38,–

Müller: **Entscheidungsunterstützende Endbenutzersysteme**
253 Seiten. Kart. DM 32,–

Mußtopf / Winter: **Mikroprozessor-Systeme**
302 Seiten. Kart. DM 34,–

Nebel: **CAD-Entwurfskontrolle in der Mikroelektronik**
211 Seiten. Kart. DM 34,–

Retti et al.: **Artificial Intelligence – Eine Einführung**
2. Aufl. X, 228 Seiten. Kart. DM 36,–

Schicker: **Datenübertragung und Rechnernetze**
2. Aufl. 242 Seiten. Kart. DM 32,–

Schmidt et al.: **Digitalschaltungen mit Mikroprozessoren**
2. Aufl. 208 Seiten. Kart. DM 28,80

Schmidt et al.: **Mikroprogrammierbare Schnittstellen**
223 Seiten. Kart. DM 34,–

Fortsetzung auf der 3. Umschlagseite

Leitfäden der angewandten Informatik

Fortsetzung

Schneider: **Problemorientierte Programmiersprachen**
226 Seiten. Kart. DM 28,80

Schreiner: **Systemprogrammierung in UNIX**
Teil 1: Werkzeuge. 315 Seiten. Kart. DM 52,–
Teil 2: Techniken. 408 Seiten. Kart. DM 58,–

Singer: **Programmieren in der Praxis**
2. Aufl. 176 Seiten. Kart. DM 32,–

Specht: **APL-Praxis**
192 Seiten. Kart. DM 26,80

Vetter: **Aufbau betrieblicher Informationssysteme mittels konzeptioneller Datenmodellierung**
4. Aufl. 455 Seiten. Kart. DM 54,–

Vetter: **Strategie der Anwendungssoftware-Entwicklung**
400 Seiten. Kart. DM 52,–

Weck: **Datensicherheit**
326 Seiten. Geb. DM 44,–

Wingert: **Medizinische Informatik**
272 Seiten. Kart. DM 28,80

Wißkirchen et al.: **Informationstechnik und Bürosysteme**
255 Seiten. Kart. DM 32,–

Wolf/Unkelbach: **Informationsmanagement in Chemie und Pharma**
244 Seiten. Kart. DM 36,–

Zehnder: **Informatik-Projektentwicklung**
223 Seiten. Kart. DM 36,–

Zehnder: **Informationssysteme und Datenbanken**
4. Aufl. 276 Seiten. Kart. DM 38,–

Zöbel/Hogenkamp: **Konzepte der parallelen Programmierung**
235 Seiten. Kart. DM 36,–

Preisänderungen vorbehalten